美容美发一本通

编　　著　周范林
参编人员　周　浩　童　芹
　　　　　张　竞　童　琦
　　　　　张勇华　童　沁

U0229837

东南大学出版社
·南京·

内容简介

美是生活，生活离不开美。美，不是每个人天生都拥有的，但却是每个人都能够拥有的。以貌取人虽然不可取，但是在很多情况下外貌却占有很重要的地位，最主要的就是能增强个人的自信。如何根据自己现有的身材、脸形、肤色等特点巧妙地美化自己，实现最富有魅力的美，这是人们普遍感兴趣的问题。本书为你详细而全面地介绍了靓丽妆容、永葆青春、掩饰瑕疵、美发护发等方面的实用窍门，相信每一个热爱美、追求美的人，都能从中获得有益的启迪。只要你能充分了解自己的环境和个性，并表现出来，美丽的目标即在眼前。生活中妆扮得体、富有魅力的你，不仅给了自己美的享受，更能影响周围的人与事，使你在工作中更有信心和亲和力。

图书在版编目（CIP）数据

美容美发一本通 / 周范林编著. —南京：东南大学出版社，2014.1

ISBN 978-7-5641-4615-3

Ⅰ. ①美… Ⅱ. ①周… Ⅲ. ①理发—基本知识 ②美容—基本知识 Ⅳ. ①TS974

中国版本图书馆 CIP 数据核字（2013）第 259817 号

美容美发一本通

出版发行	东南大学出版社
社　　址	南京市四牌楼 2 号（邮编：210096）
网　　址	http://www.seupress.com
出 版 人	江建中
责任编辑	史建农　戴坚敏
印　　刷	南京玉河印刷厂
开　　本	700mm×1000mm　1/16
印　　张	14.75
字　　数	284 千字
版　　次	2014 年 1 月第 1 版
印　　次	2014 年 1 月第 1 次印刷
书　　号	ISBN 978-7-5641-4615-3
定　　价	29.00 元

* 本社图书若有印装质量问题，请直接与营销部联系，电话：025－83791830。

美容美发一本通

目 录

靓丽妆容篇

永葆青春篇

掩饰瑕疵篇

美发护发篇

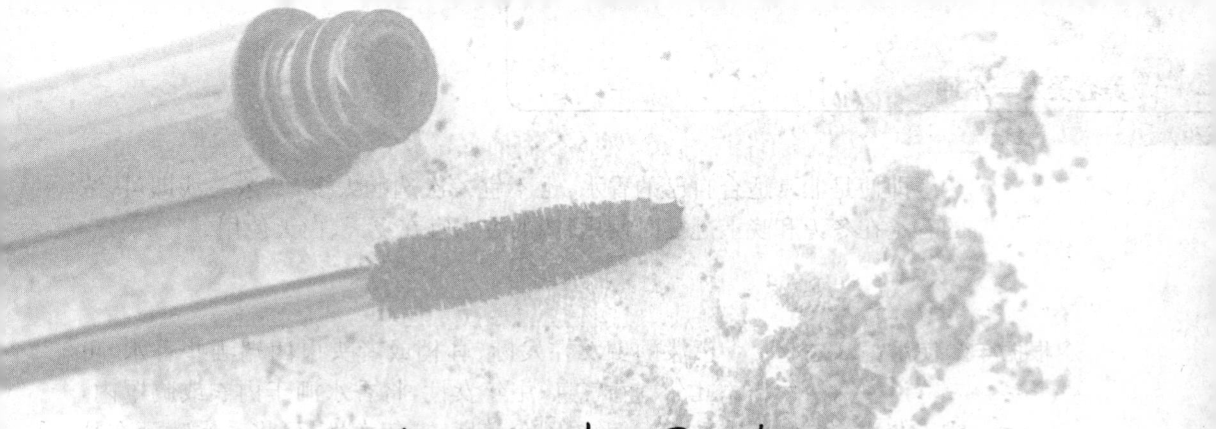

物品选用篇

选用化妆物品的窍门

选购香水法

选购香水时，应弄清楚香水的香型和浓度，根据自己所处的环境和将要去的场合购买适合自己，且能展示自己魅力的香水。

香水按其香味的主调将其分为东方香型、合成香型、花香型等。但无论香水属于哪一类香味，它们大致可分为香精、香水、淡香水和古龙香水四种浓度。选择香水时，最好用香水或淡香水来试验，因为过度浓烈的香味会使嗅觉迟钝。一般的方法是喷一点淡香水在手腕内侧，轻挥手腕，过 1～2 分钟，让香水完全干透，先闻一下，这是香水的头香；10 分钟后再闻一下，这时是香水的体香，接近香水的主调，是保持时间相对较长的香味；至于香水的尾香(也即留香)则要待到几小时以后去品味了。若要选择令人满意的香水，需要仔细品味各阶段香气是否谐调平和，当然最终要看香味是否合心意，是否能体现自己的个性。年轻姑娘宜用清香型，中年以上女性选用浓香型较好。

香水不同于其他物品，选择要通过人的嗅觉。而人的嗅觉在白天，尤其是早晨和午后最迟钝，此时辨别香水的气味，恐怕就欠准确了，还是等到傍晚时刻，因为人的嗅觉此时最为敏感。

购买香水时，宜不断变换不同香型的香水。这是因为长期使用一种香水，会使你的鼻子对它失去接受能力。应注意不能同时选购两种以上香型的香水混合使用，否则既失去了原有的纯香味，又易变质。

即使是非常适合自己的香水，也不宜一次选购太多，一浓一淡即可，浓的香水在冬天和晚上赴宴时使用，淡的香水宜在夏天、白天使用。

根据年龄使用香水法

活泼的少女在发际、耳梢或者头巾四端洒些香水，可增添几分青春气息；中年女性，将香水洒于内衣或胸罩内，或于花边衣饰洒一些香水，可增添几分美感；老年女性，可将香水喷洒在腋下或套装、旗袍内的袖口以及衬衣等处，借香水之芳香使你返老还童。

根据身体部位使用香水法

施用香水的最佳部位是手腕、耳朵后部、乳房之间、肘和膝的弯曲处。这几个部位人体热量集中，香味容易蒸发飘逸。手肘、手背、膝盖等部位血液循环较慢，是体温较低的非脉搏部位，这样香气的挥发速度便不会过快，香气亦能维持较长时间。香水是向上蒸发的，在足踝与膝后搽抹香水，可使全身闻到芳香味。

根据环境场合使用香水法

香水的使用应和衣服一样要常常变化，以适应不同的场合、活动与心情。香水和皮肤起化学反应，才能发挥它真正属于自己的香味，因而要把香水喷在肌肤上。洗完澡后、穿衣服前，应先喷洒香水。洗头后，在头发将干之际，喷上喜爱的香水。根据气候决定用量的多少，若气候干燥则用量要大些，它会慢慢散发且维持长久。气候潮湿时，开始用少量，因香水散发较快，应经常重复使用。做些香味的变换，使嗅觉不致倦怠。

香水的使用要留有余地，比如参加婚礼或他人的重大庆典，建议选择清雅的果香系或中庸些的味道，不要太引人注目，否则会喧宾夺主；而参加葬礼及宗教仪式，最好不用香水。探望病人或长者时，香水的使用也要慎重，病房的药水味与香水味混合总不是很协调，而事实证明浓郁的香味，包括鲜花与艳丽的服装，会让病人和老人感到疲劳。千万不要将香水搽在面部，否则会加速面部衰老，皮肤失去光泽和弹性。支气管哮喘、过敏性鼻炎患者最好不要用浓香型香水，而应选用比较淡雅的品种。

使用香水减轻压力法

清晨醒来，想让昏昏的头脑尽早进入状态，那就在沐浴后，使用酒精成分较高的香水喷洒全身。在紧张的压力之下，能使情绪缓和下来的有薰衣草或白檀木类型的香味，花香型包括绿茶或茉莉花香会使人心情缓和，可在下午工作开始前补上一些以上的香味，或采取橘子、柠檬、葡萄柚等柠檬醛系的香水，赶走哈欠，在脉搏跳动的瞬间让你神清气爽。晚上外出时，可以试着用些香气稍浓的香水融入夜色。与爱人相见当然要用喜欢的香味，但如果预感有美妙浪漫的事情发生，可涂上东方香族的麝香味道，既性感又有隐藏挑逗性。在夜晚为尽快入睡，应选有香味的薰衣草和紫苏，在枕套或睡衣上洒一两滴即可，但如果不喜欢此类香味，可在果香或花香中寻找，帮你一觉到天明。

炎夏使用香水法

在炎热的夏天，汗腺组织会比任何时候都分泌旺盛，因此人体自身的气味儿也会比较强而特别，如果再搽一些香味太浓烈的香水，会令人感觉窒闷难耐。尤其在户外，厚重油腻的感觉更增强了酷暑之感，使人不舒服。所以在这样的季节里应选用香精油含量在15%～20%之间的香水，闻起来清淡素雅，持久性也不会太低。如果将多种不同原料的香水同时喷洒在身上，香味就会较浓郁。但在热天应尽量选用单一香型的香水，如一些香味清爽的香草、柠檬、柑橘等。把香水搽在下半身，如脚脖子、膝内弯和腰部两侧，就会散发出一种清淡的香味，这是因为有衣服遮盖，香味不会太浓。为防止出现黑斑，夏天尤其不宜将香水喷到面部、颈部等皮肤细腻的部位。

香水的合理使用法

使用香水最好用喷雾法，既均匀又易于挥发。使用香水要适可而止，否则会给人以造作之感，有损风度。为防止过敏，保持香味持久，可把香水洒在衣服上，还可将洒上香水的手帕放到内衣和衣服口袋里，但不要在毛皮或浅色衣服上洒香水，以免使衣物失去光泽或留下痕迹。要让袅袅清香得以尽情发挥，最佳方法是配合相同香味的沐浴系列。经过沐浴及香氛的双重吸收，会使肌肤分外柔滑，保持如丝般幼嫩，阵阵清香悠悠轻送，会让你散发出醉人的魅力。

香水要喷洒在洁净的身上和衣物上，否则汗液与香味混杂在一起，反而会令人生厌。清洗内衣物时，滴上一两滴香水，使贴身衣物也充满愉悦香气。或将用尽的香水瓶去盖，放入衣柜中，可以让衣物充满香气。衣服穿好后，在身体温暖、脉搏跳动处，如手腕、肘弯、膝后喷上相同的香水。将香水喷在质地轻薄飘逸的裙摆上，走起路来会飘出缕缕香味。

存放香水法

香水是将香料溶于酒精而成，因为香料本身很容易发生变化，如果不注意保存，香味和颜色都会发生变化。由于香水受到阳光的照射，会变混浊，香味变坏，所以，香水必须放置在室内阴凉通风的地方；香水使用后要扭紧盖子，并避免摇动香水；香水剩下少量时，应尽量放在小瓶里，或不断放玻璃球排出空气使香水满到容器口，并在2～3个月内用完为宜。香水只要保存得好，越陈越佳，越陈香气越调和。

若外出时间较长，可将棉花或布条等用香水浸一下，放入衣袋中。但毛皮或浅色衣服不能洒香水，否则香水中的酒精使毛皮失去天然光泽，也会在浅色衣服上留下香水的痕迹。

选购粉底霜法

选购粉底霜要根据自己皮肤的性质、状态以及季节和目的。雪花膏型粉底霜油分比重大，形态如雪花膏，富有光泽，遮盖力强，适宜于出席宴会、集会等大场面化妆时使用，但由于它的遮盖力强，最好选用与自己肤色相近的，以免造成不自然的感觉；液体型粉底霜含水分较多，使用后皮肤显得滋润、娇嫩、清淡，如果你的皮肤比较干燥或希望化淡妆，这是最佳选择；乳剂型粉底霜用水化开后，涂布在皮肤上所形成的薄膜有斥水性，很少掉妆，适用于夏季或油性皮肤。

使用粉底霜法

选用的粉底霜要具备一定的遮盖效果，使人在用后既调整了肤色，又使脸上的疵瑕得到掩盖。另外，选用的粉底，要与自己皮肤的类型相反。如干性皮肤要用湿润型的雪花膏状粉底霜，湿润的皮肤则要用清爽型的香粉状粉底霜。

选用粉底颜色时，应尽可能选用与自己肤色最接近的颜色，别指望用粉底来掩饰脸色。试粉底时，脸上不应有任何颜色的粉底残留，要在自然光下，将粉底施于腭骨处，使色调配合完美，腭线处不应有可见色差。如果没有适合自己肤色的粉底，可用2种或几种粉底自己配色。掺色时应有专用的调色盒，千万别掺到瓶里。没有遮瑕膏时，可选比粉底颜色浅半度至一度的浅色粉底来遮瑕，再涂常用粉底。要想使自己丰满的面部显得清瘦，可在脸的周围由太阳穴到下腭线，涂上褐色粉底，大约涂出一个三角形，然后再在其余部位涂上常用粉底，一定要使两种颜色结合得自然。

选购胭脂法

干性皮肤的人，应选用霜状或膏状胭脂，这两种剂型特别是膏状的油性较大，更宜于干性皮肤；油性皮肤的人，宜用粉状或粉饼状胭脂；中性皮肤的人，可随意选择。粉剂型易掌握，宜初学化妆者用。质量好的胭脂，粉质细腻，无粗粒；色泽鲜艳，香味芬芳，没有异味；附着力强，涂在脸上不易脱色和褪色；粉块结实，不破碎，盒芯、盒底不得分离。质量好的胭脂膏，膏体细腻，色泽均一，不缩裂或渗油；色、味宜人，无油脂酸败或其他不愉快的气味；对皮肤无刺激性和其他不良反应。

选购胭脂刷法

选购胭脂刷时，应选毛质纯正、柔软而富弹性，无掉毛现象，并且应选择大一点的刷子为宜。

施用胭脂法

胭脂上脸前，要先在手背或前臂屈侧做试验，自己审视哪种颜色最合适。用胭脂刷蘸上胭脂粉涂于试验处。脸上涂胭脂要由上而下，不要由下而上，以免伤及皮肤。

根据年龄使用胭脂法

年轻女性涂胭脂的范围要广泛些，略带圆形，这样可以显示青春活力；中年女性要把胭脂涂得高一些，形状拉长点，以表现成人的端庄稳重。

根据肤色使用胭脂法

肤色白的人，应涂浅色或粉红色、玫瑰红色胭脂；肤色偏黄（褐）的人，可用橘红色胭脂；肤色较深的人，应用淡紫色或棕色胭脂。颜色的美容效果各不相同，粉红色给人的感觉是温柔体贴，甜蜜亲切，最宜婚礼化妆；大红色则流露出生气勃勃、热情奔放的气息，适于盛大宴会化妆。

选购口红法

口红的金属管应涂层表面光洁、耐用不脱落，塑料管应美观光滑，无麻点，不变形走样；膏体表面滋润滑爽，无麻点裂纹，附着力强，不易脱落，不因气温变化而发生膏体变色、开裂或渗汗现象；颜色鲜艳、均匀，用后不化开；口红的香味应纯正，不应散发任何怪味；管盖应松紧适宜，管身与膏体应伸缩自如。品质良好的口红，涂于唇上，均匀而不起斑驳，并有色泽鲜明之感。购买时可在手背上试涂一下，观察品质效果是否良好。

鉴别口红含铅量大小法

将口红样品抹在手背，然后用金戒指在上面摩擦，边擦边观察口红的颜色变化。如果口红变黑就说明口红含铅，黑色越深，说明含铅量越大，不宜使用。

识别过期口红法

要识别过期的口红，可将口红盖打开闻一下，如果口红产生异味，有一种类似油炸食品的气味，就说明口红已经变质。假如口红颜色过于黯淡，甚至上面还隐约有一些黑点，那么就可断定口红已经变质，不能继续使用了。

鉴别香粉质量法

合格香粉应该香气芬芳，无异味；粉质细腻，无粗粒，无毒；附着力强，不易脱落；商标图案清晰，制作精美，封口严密，无漏香现象。选购的香粉香味要纯正，粉质要细腻，富有油脂，并且要有良好的吸附力，涂在局部不易脱落。选购的香粉盒不应有破损、褪色、脱圈等情况，盒盖不应过松或过紧，盒内的玻璃纸面应完好，不应有漏粉现象。

根据肤色选购香粉法

选购香粉应和自己的皮肤相适应，尤其应和额、下巴的颜色相协调。皮肤较白的，可用淡色或白色粉；皮肤较黑的，用接近脸色并稍浓的扑粉，这样才显得自然和谐，否则非常难看。应根据自己皮肤的类型和不同的季节选购香粉，干性皮肤或寒冷的地区应选用吸收性较差的香粉；而油性皮肤或炎热潮湿地区，皮肤多汗，则应选用吸收性较好的香粉。

使用香粉法

香粉不宜搽得过厚，必须搽得均匀，一般应从颈部扑起，这样可以使脸部和颈项皮肤色泽均衡，别人也不易察觉。皮肤干燥的人，在搽粉前最好先以冷霜打底，然后再搽香粉，既能护肤，又能使香粉不易脱落；油性皮肤的人可在洗完脸后直接将香粉搽在脸部。同时用颜色深浅不同的两种香粉可起到美容作用。脸宽而鼻稍塌的人，可在鼻子中部搽浅色的粉，在鼻子两侧搽稍深的粉；下巴肥大的人，在下巴处搽较深的粉，在额部搽上浅色的粉，就会显得美观匀称。

选用粉饼法

粉饼有白、浅粉、浅黄、淡红、淡绿等各种颜色，其中以白色所占的比例最大。从香型上分，又有玫瑰、檀香、百花、麝香、铃兰等。粉饼要香气柔和，粉质细滑，没有杂质，不含刺激性，粉着力强，搽后不易脱落。同时还应配备一个特别的海绵粉扑。

宜选用接近自己肤色的粉饼，以弥补皮肤表面缺陷，给人以光滑柔软之感。

使用润肤品法

涂抹润肤品应遵循肌肉走向，才能使护肤效果更好。额头，应由下向上，从中心向两侧涂抹；眼部，从眼角顺着上眼皮到眼尾，下眼皮则从眼尾回到眼角；脸颊，从鼻侧向耳侧，最好用手指画着小圆圈向斜上方向涂抹；鼻子，从双眉之间向下涂抹；嘴部，分别从上、下唇的中心向下涂抹；颈部，由下往上反复涂抹。

选用洗面奶法

选购洗面奶时要根据自己皮肤是油性、干性还是过敏性来选择。洗面奶与香皂不能同步使用。洗面奶大多呈酸性，而香皂呈碱性，两者同时使用，酸碱中和，会大大影响洗面奶的洗面效果。洗面奶是一种呈弱酸性的面部清洗剂，使用次数过多，会侵蚀人的皮肤。正常皮肤每日使用一次即可，在晚上睡觉前使用为宜。洗面奶洗面后要及时用清水冲洗干净，防止残余洗面奶对面部产生侵蚀作用。

选用清洁霜法

选购清洁霜应选膏体细腻滑爽、涂在皮肤上易液化，并能滞留足够长的时间，以清洗毛孔、乳化污垢，而不被皮肤吸收，用脱脂棉擦去脸上脏污垢，皮肤上会留下一层润肤油膜的为佳。

油性皮肤的人应选择清洁霜为好。选购时宜选择乳液稳定，无分离现象；易于敷散，无油腻感；对皮肤完全无刺激，使用感良好者。

选用爽肤水法

选购爽肤水时，首先用力摇，摇完之后看泡泡，如果泡泡细腻丰富，有厚厚的一层，而且经久不消，那就是好的爽肤水；如果泡泡很少，说明营养成分少；如果泡泡多且大，说明含有水杨酸，对水杨酸过敏的尽量不要用；如果泡泡起先多后来很快就消了，说明其中含有酒精。爽肤水含有一定的营养成分，多为植物系列成分。作用是爽洁皮肤，通畅毛孔，使毛孔中的油脂易于分泌。它不同于营养水之处是没有平衡皮肤酸碱度的功能，适用于任何皮肤。洗面奶洁肤后，把爽肤水抹于皮肤上，再涂日、晚霜。

选用营养水法

营养水是洗面奶的姐妹妆。它含有许多营养成分及多种维生素，以植物成分为主。作用是平衡皮肤的酸碱度，收缩毛孔，补充皮肤的营养和水分，增加皮肤的抵抗力，减缓皮肤色素沉着。适用于任何皮肤，特别敏感的皮肤亦可使用。洗面奶洁肤后，将营养水抹在皮肤上，再涂日、晚霜。

选用收缩水法

收缩水含有乙醇成分，所以有很好的收敛作用，能收缩毛孔，减少油脂分泌。适用于油性皮肤、毛孔粗大者以及有暗疮的皮肤。洁肤后，将收缩水抹在皮肤上，再涂日、晚霜。

选用化妆水法

化妆水应选择油层、水层界线分明，振动停止后能立即恢复原状；香味无异常，黏度适中的为好。化妆水含有乙醇成分，作用是收缩毛孔，保护皮肤。由于化妆品含有一些对皮肤有刺激的成分，所以化妆前拍一层化妆水，防止化妆品对皮肤的渗透，起到隔离作用。适用于任何皮肤。

选用卸妆水法

卸妆水多为化学成分，吸附皮肤上的化妆品。作用是清洁卸妆。适用于任何皮肤。在用洗面奶之前使用，先用卸妆水卸除化妆品，再用洗面奶洗掉油污和残妆，使清洁更彻底。

选用新娘化妆品法

婚礼前用化妆品，美化肌肤、面部要用洗面奶或较好的香皂清洗皮肤，再用双手接水轻拍面部，使面部肌肉得到运动，并使皮肤呼吸畅快，毛孔收缩，肤色洁白。每次洗脸后在唇上涂防裂油以滋润双唇，涂后轻轻按摩以助吸收。不要舐唇，也不涂普通甘油。睡时被子勿盖住嘴。由于婚前活动多，常动手跑腿，手脚皮肤易粗糙。在做重活或接触碱类、皂类和洗涤剂时要戴手套，做完活搽营养护肤霜防干防裂。洗完澡用浮石摩擦足跟，擦干脚涂护肤奶液。指、趾甲常修剪，并涂指甲油保护。此期间要让皮肤多吸收水分。

新娘所选化妆品颜色不宜太浓，这样才显得清新、美丽、自然、大方。粉底应用白粉或浅肉色底霜。用粉底霜前，要涂足够的润肤奶液，再抹透明度高的化妆粉，使肌肤嫩白、软滑；眼影用棕色，上睑内侧用淡紫色，不画眼线，下睑描绿色眼线；睫毛翻卷后涂蓝色睫毛膏；眉形应描得平缓、柔和。颊部胭脂用桃红色，晕染宜宽。唇部先涂光泽口红，再涂桃红色口红。总之，化妆后要让人看不出有明显的妆迹。

选用男性护肤品法

干性皮肤红白细嫩，毛孔较细，不冒油，但经不起风吹日晒；油性皮肤一般毛孔较粗，经常分泌一些油脂，毛孔容易堵塞，脸部会有斑疹、粉刺等炎症。所以，前者应选择油质的护肤化妆品，如蜜类、奶液、人参霜、珍珠霜等，有了这层油脂保护膜，就经得起风吹日晒了；而后者最好选用水质化妆品，如含水较多的蜜类、奶液。中性皮肤则选择刺激性小的含油、含水适中的化妆品。

青壮年因生理代谢旺盛，皮下脂肪丰富，宜选用霜类和蜜类。常在野外作业的男性，宜用防晒膏或用紫罗兰药用香粉施于面部、皮肤，以防紫外线的过度照射，预防日光性皮炎的发生。一些重体力劳动者，工作时出汗多，汗味较重，可在劳动后洗完澡涂些由中草药配方制成的健肤净，对出汗较多、祛除汗臭有良好的效果。

选用老年人化妆品法

生理学专家和美容界人士认为，老年人的皮肤特点是松弛而有皱纹，皮下脂肪减少甚至消失，汗腺及皮脂腺萎缩，皮肤干燥、变硬变薄、防御功能下降。因此，老年人宜选择适当的营养性化妆品，方可延缓皮肤老化，保持肌肤活力。

珍珠类化妆品是在一般化妆品中添加珍珠粉或珍珠层粉。珍珠中含有24种微量元素及角蛋白肽类等多种成分，能参与人体酶的代谢，促进组织再生，起到护肤、养颜、抗衰老的作用。

人参类化妆品是在一般化妆品中加入人参成分。人参含有多种维生素、激素和酶，能促进蛋白质合成和毛细血管血液循环、刺激神经、活化皮肤，起到滋润和调理皮肤的作用。

蜂乳类化妆品中尼克酸含量较高，能较好地防止皮肤变粗。蜂乳还含有蛋白质、糖、脂类及多种人体需要的生物活性物质，从而滋润皮肤。

花粉类化妆品中含有多种氨基酸、维生素及人体必需的多种元素，能促进皮肤的新陈代谢，使皮肤柔软、增加弹性，减轻面部色斑及小皱纹。

维生素类化妆品中的维生素A可防止皮肤干燥、脱屑；维生素C可减弱色素，使皮肤白净；维生素E能延缓皮肤衰老，舒展皱纹。如果在化妆品中同时添加维生素A、维生素D、维生素E、维生素B、维生素C效果则更好。

水解蛋白类化妆品可与皮肤产生良好的相溶性和黏性，有利于营养物质渗透到皮肤中，并形成一层保护膜，使皮肤细腻光滑，皱纹减少。

黄芪类化妆品中含有多种氨基酸，能促进皮肤的新陈代谢，增进血液循环，提高皮肤抗病力，使皮肤细嫩、健美。

选用防晒化妆品法

干性皮肤的人，要选择防晒霜或防晒油，既可防止日晒，又可增加皮肤的润泽；油性皮肤的人，适合用防晒蜜和防晒水，可减少脸部皮肤的细纹。

夏季烈日炎炎，所以必须适当选用防晒化妆品以防日光灼伤皮肤，一般选用防晒霜、防晒水；冬季与秋季，皮肤容易干燥起皱，涂防晒油可在防日晒的同时滋润皮肤。特别是长期在露天工作的人更应注意。

选用浴油法

浴油可润滑皮肤，特别适合于干燥季节和皮肤粗糙者使用。应选外观澄清、感觉柔和、香气宜人、对皮肤无刺激性的浴油。

选用指甲油法

选用的指甲油应该容易涂擦，附着力强，其光泽和色调不易脱落；干燥速度快，固化及时，能形成均匀的涂膜；有良好的抗水性；颜色均匀一致，光亮度好，耐摩擦。指甲油颜色的选用一般应与手部肤色、服装保持统一和谐。

检验化妆品是否适用法 要检验化妆品是否适合自己使用，可先在大腿内侧抹上新的化妆品，面积为一个圆圈，1 天 3 次，连续 3 天。若无异常，再进行下一步试验；若有异常，即刻停止使用。再把这种化妆品涂抹于耳后，连续试验一星期，确认无异常后才可大胆使用。如果要擦于其他化妆品上，最好选用同一厂家生产的化妆品。

识别变质化妆品法 化妆品颜色变深或杂有深色斑点，都是变质的表现。化妆品变质时，微生物会产生气味，使化妆品膨胀。化妆品变质时，会使膏霜稀薄。液体化妆品中的微生物繁殖到一定的数量就会浑浊不清，真菌会导致丝状、絮状悬浮物的产生。微生物在生长中会产生各种酸类物质，使化妆品变酸，产生异味甚至发臭。变质的化妆品须停止使用。

选用减肥化妆品法 合格的减肥化妆品应没有刺激性气味，无过敏现象，质地细腻，短时间内便可全部吸收。应选用临床试验疗效高、例数多的减肥化妆品。

选用眼影美容品法 眼影美容品的色彩可根据不同肤色、服饰、年龄加以选用。蓝色给人清新、明快的感觉，适合于皮肤白皙的少妇使用，尤其是夏天，给人一种凉爽、自然、大方的感觉。褐色色彩自然，遇光有立体感，可配合深色衣服使用。紫色有古典高雅之美，适合于中年女性。绿色适合穿素色服装的人使用，给人以轻松愉快的魅力。红色适宜于皮肤白嫩的人。

选购眼影时，眼影形状应完整无损，颜色均一，粉粒细滑，宜于擦取搽涂，对眼皮应无刺激性，黏附耐久，但又易于卸除的。

选用眼线笔法 质量好的眼线笔，应笔头长短适中，笔毛柔软而富有弹性，无杂毛，含水性能好。初学者可选用硬性笔。

选用眉笔法

选购眉笔时，要求眉笔软硬适度，描画容易，色彩自然，使用时不断裂，久藏后笔芯表面不会起白霜。眉笔有黑、灰、棕等不同的颜色，需要根据不同的肤色来选用。

眉笔宜用黑色，一定要削得扁而尖，这样描画效果较好。应先用眉笔勾出所需要的眉形，然后把多余的眉毛拔去或刮除，要修整得自然。千万不要画成一道光溜溜的粗线，应画出类似单根眉毛的细线，最后用小刷子刷匀。眉毛太少的，可用眉笔尖补画。眉毛颜色很淡的，可用眉笔的扁端在眉毛上扫几下，使颜色粘在眉毛上变深。要使眼睛显得明亮些，可用眉笔对上下眼睫毛的根部稍稍加深，便可生效。

选用眉笔的颜色一定要和自己的肤色、发色相配合，以达到美容的目的。褐色眉笔宜用于皮肤白皙的人，显得干净而有立体感。黑色眉笔宜用于皮肤较黑或黑褐色的人，显得很有精神。

一时没有胭脂时，可用浅咖啡或深咖啡色的眉笔在颧骨上画几道细线，再由内向外抹匀。

在需画眼影处，用眉笔平行地画几条线，再慢慢抹匀，可产生眼影膏的效果。

深咖啡或浅咖啡的眉笔可替代腮红。用眉笔在颧骨上画数道细线，再抹开即可。

要使眉毛变浓或变形，应选用与眉毛颜色相同或稍浅的眉笔，一根一根地画出，再用小刷子刷匀。

选用眼线液法

应选无刺激、快干、易绘成线条、皮膜有柔软性、化妆持久、不易脱落、卸妆时易于除去的眼线液为佳。

选用睫毛膏法

优质的睫毛膏应该是膏体均匀细腻，黏稠度适中，在睫毛上易于涂刷，粘附均匀，可使黑色加深，光泽增加，不使睫毛变硬但有卷曲效果。干燥后不粘下眼皮，不怕汗、泪水或雨水的浸湿。具有一定的粘附牢固性，而又易于卸除。色膏对眼部安全无害，无刺激性。

选用眼影刷法

眼影刷有两种，一种是用小马的毛制成的，其毛质柔软而富有弹性，适用于敷粉质眼影；另一种是海绵头眼影刷，适用于敷霜质及液状眼影。选购时最好多选几把，以便各种颜色有其专用的刷子。

选用睫毛夹法

选购睫毛夹时，应检查橡皮垫和夹口吻合是否紧密，如夹紧后仍存有细缝，则无法将睫毛夹住，应选择松紧适度的为好。

选用眉钳法

选购眉钳时要注意镊嘴两端里面应平整、吻合，否则无法将眉毛夹紧拔掉。

合理使用脱毛霜法

脱毛霜使用前应先把要脱毛的部位充分湿润，使皮肤上留有水痕，均匀地搽上霜剂后，仍要保持搽霜部位的湿润，但水分不宜过多。脱毛、洗净后，立即搽用护肤霜，以保护皮肤，延缓毛发再生速度。

正确使用药物化妆品法

药物化妆品具有不同的疗效，必须对症下药，切勿盲目混用；脸部伤口未愈合者不能搽用药物化妆品，皮肤过敏者也应慎用。搽用药物化妆品前，必须洗净脸部油腻，搽后用手心在脸部反复摩擦，可提高药物化妆品的疗效。

存放美容化妆品防晒法

化妆品中所含的一些化学物质及药物，容易与阳光中的紫外线发生化学反应，降低使用效果，因此，不用时就应存放在阴凉处。

存放美容化妆品防污染法

美容化妆品不用时，应存放在清洁卫生、无灰尘的地方，瓶盖要拧紧或将包装封紧，防止灰尘及其他污物进入其中，污染而致变质。

存放美容化妆品防潮法

有些化妆品含有水解蛋白、蜂蜜等营养成分，受潮后容易变质，滋生细菌、真菌等微生物，如蛋白营养霜等。所以，化妆品不用时宜存放在干燥通风处。

存放美容化妆品防热法

存放化妆品的地方不宜离热源太近，温度应在 35 ℃以下。温度过高，可使化妆品中的水分蒸发，且容易使膏霜中的油与水分离，发生变质现象。

存放美容化妆品防冻法

化妆品存放在温度过低之处容易冻裂，而解冻后会变粗变硬，影响其效能和涂抹，对皮肤有刺激作用。

存放美容化妆品防摔法

使用玻璃、陶瓷容器包装的化妆品，应放置在平稳的地方，以免摔到地上，一旦包装瓶有了裂痕或漏出，化妆品常常被污染，影响使用。

存放美容化妆品防泄漏法

膏霜类化妆品都有较浓的香味，用后应拧紧瓶盖，防止香味失散。

存放美容化妆品防倾斜法

盛化妆品的容器都应放正，以免化妆品与瓶盖发生化学变化，影响使用。

存放美容化妆品防串味法

气味不同的化妆品，不宜存放在一起，防止串味，如女用玫瑰香水、丁香花露水不宜与男用古龙香水（科隆水）存放在同一盒子里。

存放美容化妆品防挥发法

由于许多液体化妆品含酒精、香精成分较多，容易挥发，应注意密闭容器，防止其挥发成分逸失而降低或失去效用。

存放美容化妆品防失效法 一般化妆品保质期不超过3年，长期保存的化妆品若超过保质期就会变质，这样的化妆品绝不能冒险使用。

选用美发护发用品的窍门

使用洗发剂法 洗发剂不宜直接倒向头顶。大多是用温水将头发浸湿后便直接向头顶倒洗发剂。头顶部是最易脱发的敏感部位，如果经常这样洗发，极易引起秃顶。正确的方法是选用足量的温水预先洗一遍，然后将头发全部拢到前面，将稀释的洗发剂由后颈的发际处倒下，流到前面的头发上。涂好洗发剂后用热毛巾将头部包10分钟左右，然后再搓洗、冲洗干净。

使用香波护发素法 湿透头发后倒上香波，轻轻揉搓每个部位，洗掉，再倒上少许香波，起泡沫后轻挠头皮，用清水洗去泡沫，涂上护发素，揉遍全发，30分钟后用水洗净，不必再上发油、发乳。

选用洗发香波法 酸碱度为中性，对头发的刺激性小，在温度为0～40 ℃范围之内，透明香波不混浊、不变色，珠光香波珠光不消失、不变色。优质香波液体纯净，无沉淀，无杂质，有一定的黏度，颜色与香型名称相符。瓶盖紧密，液体不外溢。

选用发蜡法 发蜡是以精制白凡士林为主要成分，加入香料等成分，也有的加入营养素及催长头发的药品。适合于发质干燥、发色灰暗、发油较少的人使用。其缺点是黏性大，不易洗净，容易沾污枕巾、被褥等。

选用摩丝法

护发造型摩丝，有护发和定型作用，可令头发富于弹性，充满光泽，尤其适用于电烫后和天生较细的头发。

貂油摩丝，含有天然丝蛋白质及貂油成分，有去头屑、止头痒等作用。

防晒摩丝，不含乙醇成分，对头发无损害，且湿亮而无油腻感，对染发、电烫、干性及受损发质等有很好的滋润作用。

选用喷发胶法

包装容器封装严密，不爆裂或跑漏；安全可靠，短时期内可耐受50℃的温度。

喷雾阀门畅通，无阻塞现象。

喷出的雾点细小均匀，无大雾点或射流成线的现象。

喷在头发上，很快形成一层透明胶膜，具有适宜的强度和韧性，有光泽。

选用发乳法

应选香味纯正、色泽清晰、安全性好、无油水分离现象的发乳。

头发洗后稍干不粘手时，最适宜搽发乳；刚洗完头就搽，水分不能正常挥发；头发干了擦，就会失去光亮。搽上发乳后，要用木梳多梳几次，才不会在头发上留下一层白色。

选用洗发水法

洗发要用软水（雨水或煮开过的水）和活水（冲洗或淋浴），不宜用冷水和硬水。

洗发水一般以40 ℃左右为宜，洗头最好选用软性香皂或洗发剂，碱性肥皂会使头发严重脱脂、老化、干枯变脆、细弱易断，头皮也会变得干燥、粗糙、发痒，干性头发每次洗时用一次洗发剂即可，而油性头发则需多用一次洗发剂。

靓丽妆容篇

根据脸型化妆的窍门

圆形脸者化妆法

圆形脸的人，由于面颊及下巴的地方较为丰满，因此使整个脸看起来圆圆的。为了缩小面孔的宽度，使脸看起来较长，在化妆时不可用曲线。口红在上唇中央应涂丰满些，并略成小角度的曲线，向唇部两边渐渐变浅，绝不可将整个口唇画成既圆又厚的形状。圆形的脸蛋，在画腮红时应用直线条来增加脸部的修长感，将腮红以斜线的画法，由颧骨往脸中央刷，可以改变脸部的角度。胭脂可从颧骨一直延伸到下颚部，必要时可利用暗色粉底做成阴影。唇部画成阔而浅的弓形，切勿涂成圆形小嘴，以免有圆上加圆之感。粉底可用来在两颊造阴影，使圆脸削瘦一点。选用暗色调粉底，沿额头靠近发际处起向下窄窄地涂抹，至颧骨部可加宽涂抹的面积，造成脸部亮度自颧骨以下逐步集中于鼻子、嘴唇、下巴附近部位。眼影应由眼皮中央开始描绘，可一直连续至外，并渐渐地朝与眉毛横向的方向慢慢弯上去即可。还可以使圆脸变成鹅蛋脸：用眉笔轻描眉线，并稍微向上画一点，眼影最好用黑色系列，由眼角向眉头斜斜地描绘，并比外眼角稍描浓些，使其有立体感。眼影由面颊后向前及鼻子部分慢慢转淡，并由面颊中央向下面涂淡，至下巴处完全消失不见。不宜把眉画成直线，而应画成弧线形。眉头稍离开内眼角的垂直线，并且稍画高一点，重心靠外一些，眉毛宜画粗不宜画细（越细则越显得脸圆），这样可使脸形显得长些。眉毛太粗的人，可将眉毛画长些。发式以六四偏分最好，这样可使脸不显得那么圆，两侧要平伏一点。若有刘海的，则必须弄厚些，并要有波浪纹。

长形脸者化妆法

长形脸的人，应利用化妆来增加面部的宽阔感。胭脂要抹在颧骨的最高处与太阳穴下方所构成的曲线部位，然后向上向外抹去，前端距鼻子要远些。将胭脂轻轻往上抹成圆形状，同时在下巴处加上胭脂，产生阴影作用，令脸型趋于圆形。瘦长脸的人，胭脂应搽在颧骨上，逐渐向颞部和颊部淡抹，愈近颊凹陷处就愈淡。嘴唇可稍微涂得厚些。两颊下陷成窄小者，宜在后部位敷淡色粉底成光影，使其显得较为丰满。长形脸以直线眉形为最佳，眉梢略下弯，且粗略呈圆形，这样显得脸圆而年轻活泼。不应画强调脸部长度的吊眉，相反，应配以文静、横向的水平眉形，以消除给人以长脸的感觉。眉毛的位置不可太高而有角，眉毛尤不应高翘。发式可采用七三或更偏分的头路，这样可使脸看起来更宽一些。发型以往下覆着及两边有软发卷为合适。

方形脸者化妆法

方形脸的人在化妆时，必须略浓妆，才可使脸部具有结实感。额头腮骨部位，仍有必要画上阴影，使脸型显得细小。化妆时最重要的是不要让别人看起来显得有棱有角，而应给人一种柔和的感觉。化妆时的阴影应设在脸颊的后方，下面则须向脸部前方化妆成朦胧状态，这种化妆法能使下巴的轮廓看起来柔和些。化妆时要注意增加柔和感，以掩饰脸上的方角。这种脸型的人，两边颧骨很突出，因此要设法加以掩饰。搽腮红应由颧骨向耳朵方向搽成朦胧状态。搽口红的要领是避免造成锐角而画成柔和的线条。整个脸呈现四四方方的角度，所以在腮红的使用上，必须以圆线条来增加脸部的柔和感，将腮红以画圆的方式，由颧骨往鼻子的方向刷。如将胭脂由颧骨底略微向上，抹成略大的三角形，可将方形脸变为杏形脸。胭脂宜涂抹得与眼部平行，切忌涂在颧骨最突出处，可抹在颧骨稍下处并往外揉开。粉底可用暗色调在颧骨最宽处造成阴影，令其方正感减弱。下颚部宜用大面积的暗色调粉底造阴影，以改变面部轮廓。眼影或眼膏应采用鲜明颜色并要清晰地画出眼部的轮廓。也就是说，眼部必须描画得有宽度感，这样才能使下巴的阴影效果更佳。口红可涂丰满一些，强调柔和感。画眉毛时，须微微地向下画曲线，眼尾稍微往上画，这时须避免画不协调的线。眉若画得细小或过分圆形，反而会强调脸部的缺点。眉形最好画出清俊的眉峰，以突出方形脸的优点，加强理智和冷静的固有印象。若为了减弱脸下半部的方形，眉形的线条亦可画得柔和圆润，眉梢向外延伸一些。不应画成纤细的眉形，否则会使脸型缺乏和谐的感觉。眉毛应修得稍宽一些，眉形可稍带弯曲，不宜有角。头发四六偏分或中分都可，偏分时，两侧发型造成不平衡的感觉。

椭圆形脸者化妆法

椭圆形脸是古今中外所公认的美人胚子，亦是最理想的脸型，所以要尽量保持其完整。这一脸型的化妆要着重自然，不要有所掩饰。脸是无须太多掩饰的，所以化妆时一定要找出脸部最动人、最美丽的部位，而后突出之，以免给人平平淡淡、毫无特点的印象。胭脂应涂在颊部颧骨的最高处，再向上向外揉化开去。嘴唇要依自己的唇样涂成最自然的样子，除非自己的嘴唇过大或过小。此脸型的女性可根据个人爱好选择眉形。如画成直线形可增加朝气，画成弧形可增添妩媚。人们通常选择流畅圆滑的弓形细眉，也有选择比较粗的浓眉，应注意眉的粗细与眼睛的大小相协调。眉毛要顺着眼睛修成正弧形，位置适中，不要过长，眉头与内眼角齐。发式要采用中分路，左右均衡的发型最为理想。

三角形脸者化妆法

三角形脸即额部较窄而两腮大，显得上小下阔。三角形脸的化妆与圆形脸、方形脸差不多。胭脂由眼尾外方向下抹涂，对于两腮可用较深的粉底来掩饰。唇角应稍向上翘。也可尽量缩小下颚的线条，想办法使额头看起来宽一点。为了不使下巴较饱满的部分明显起见，化妆时的阴影要宽一点，并延伸至下巴附近。用较深色的胭脂抹在下巴处，面颊的胭脂要涂成圆形横条状，并且距离鼻翼要稍远一点，使脸显得短些。搽口红时力求线条弯曲自然，尤其是下唇要有分量感，不要由中央一下子就变细。眼睛的化妆方面，眼影须向下画成朦胧状态。眉毛宜保持自然状态，不可太平直或太弯曲。这种脸型切忌眉毛过短，应用柔和的弧形眉来弥补脸型的不足。画眉时眉头要拉开一些距离，不要与眼角平齐，眉梢部分尽可能地向外延伸，眉线略粗一些。染睫毛油须在眼角部分搽浓一点。头发应以七三比例来偏分，使颊部看起来宽阔。发型的波浪或发卷以增加上方的力量为宜。

倒三角形脸者化妆法

倒三角形脸是上阔下尖，即是人们所说的瓜子脸、心形脸。额头部位必须采用阴影的画法，有自然感的肤色。

脸颊的倾斜部分应采用比肤色略白的白粉，才能使脸部具有丰满感。胭脂涂在颧骨最高处，然后向上向后化开。腮红应从颧骨往侧面推抹，而推抹至眼睛旁时，即推抹成缓和的曲线型，且其末端显得宽阔。可用较深色调的粉底涂在过宽的额头两侧，而用较浅的粉底涂抹在两腮及下巴处，造成掩饰上部、突出下部的效果。口红宜用稍亮些的以加强柔和感，唇形宜稍宽厚些。眼部方面，若将眼睛旁边画得扩大些，则脸颊亮光的部分以及额头的阴影效果会显得更佳。嘴唇应画成很柔和的山形，且略向两侧扩大，这样尖形的下巴可得到柔和的修饰而不至于引人注目了。如果下巴显得特别尖小的人，脸的下部便要用浅色的粉底，而过宽的前额宜用较深的粉底。眉形不宜成山形，应几乎呈水平状向旁边缓和地画成适当的眉形，且不宜粗，过粗，则更突出了尖形的下巴；也不可过细，因为过细，会失去整体性的平衡感。眉形应顺着眼睛的位置，不可向上倾斜。眉头应画得与内眼对齐，眉梢要与眼尾对齐。眉毛要画得短，眉梢不要外延。发式以四六偏分法，可使额部显得小一点，发型要造成大量的发卷而蓬松，并遮掩部分前额。

脸型较大者化妆法

脸型较大的人，欲使大脸孔看起来小一点，化妆时，在周围使用颜色较深的粉膏，脸孔的中心使用较浅色的粉膏，使中心看起来明亮一点。眼影或眼膏也应与眉形配合。嘴唇的形状必须纵长地画出。这种化妆法会使人感到眉毛或腮红似乎显得略往两边外侧扩大，而这种感觉更强化了阴影化妆的效果，使他人产生错觉，所以使原来较大的脸型变成了蛋形。

脸型较小者化妆法

脸型较小的人，化妆时，使用雪白或桃红色的化妆粉，才能使脸部面积显得更宽阔些。口红应采用桃红色或桃色等淡颜色，略往两侧平淡地画出，这样才能使整体上略具模糊感。眼影不可使用浓色，应选择淡色，且适当地画出浓淡部分。眉形必须成缓和的弧形且略往脸部外侧延长，其颜色采用深黑褐色，很自然地画出，绝不可采用黑色的眉膏，也不宜画成浓眉或鲜明的山形眉。

根据脸色化妆的窍门

脸色红褐者化妆法

脸色红褐的人，油脂性皮肤较多，为了使皮脂不过剩，应注意洗脸。化妆时基本用浅黄色系列的颜色。眼影不宜使用褐色或浑浊的颜色。

脸色苍白者化妆法

脸色苍白的人，为了使肌肤具有润滑性，应使用品质良好的润滑剂以保持肌肤不至于过分干燥。化妆品采用桃色或桃红色系列的阴影色，而从额头至鼻梁部分可使用粉状化妆品来修正。总之，最适宜采用润泽性的化妆法。

根据鼻子形状化妆的窍门

鼻子较短者化妆法

鼻子较短的人，调整重点是改变鼻根位置较低的印象。从离眉头 35 毫米处向鼻尖方向抹鼻影；在眉头和眼角之间抹入阴影，适当晕染，再从额中央向鼻尖抹明亮色的粉底与鼻影相配合。也可将较白色的粉膏在鼻梁上成直线往下敷，鼻尖使用较白的粉膏涂成白色，涂的时候注意均匀。还可在鼻梁上涂成一条细长的线，这样可使鼻子看起来长一点。鼻子太短，使脸的下半部显得太长，这是因为鼻子没有起到吸引人注意力的作用。弥补的方法是突出鼻子。用明亮有光泽的粉底对鼻子进行化妆，这种粉底的颜色应比一般的粉底浅一些。将粉底轻轻拍在鼻梁上，然后尽量抹匀。鼻子的长度如果不到脸部的 1/3 看起来就感觉很短，这时要用咖啡色鼻影由眉头沿着鼻子的两侧下涂，直到鼻子的末端，鼻子就会显得长一些。

取褐色粉底霜沿鼻子边缘往下涂，再用白色粉霜沿鼻子中央至鼻尖涂一道，看上去可使鼻子变窄、短瘦鼻子变长。

鼻子低扁者化妆法

鼻子低扁的人，用眼影从鼻头向鼻尖方向涂鼻影，注意在眉头和眼角之间稍染阔一些，向眼角方向晕染开。再从左右眉中间位置向鼻尖涂亮色。这样低鼻看上去便会显得高一些。鼻子低扁的人总是花费较多的时间在鼻子的化妆上，其实不必。化妆的重点若放在眼睛与嘴唇方面，这样使他人的注意力集中于眼睛和嘴唇。鼻梁太低，可用白色的粉底涂在鼻梁底处，鼻子两侧涂上咖啡色的鼻影，鼻子就会显得高而挺了。

鼻梁扁塌者化妆法

鼻梁扁塌的人，首先须由眉头之线很自然地往鼻翼以较深的粉搽上一条线。注意不要使这两条线变形，由鼻梁往下推散，使其模糊不清，令人看不出来。然后再在上面用粉扑轻拍，鼻子看起来就高了些。另外，鼻翼太宽大的人应在鼻翼下搽一点眼影，使鼻子看起来有整洁感。塌鼻梁的人在化妆时，鼻侧影可涂得略深些，鼻梁涂以亮色。鼻侧影的上端与眉头衔接，两边同眼影混合，下方则消失于底色。眉头与眼角之间要画得略宽些，并在内眼角处把鼻影横向化开。再由双眉中间位置向鼻尖涂一条亮色。塌鼻子首先在脸上施好粉底，然后由鼻根向眉头抹入深棕色的眼影粉。一定要注意尽量匀开，千万不要显出边缘的痕迹，在鼻子两侧也抹上棕色眼影。然后从两眉中间沿着鼻梁抹一道明亮的眼影粉或比整体粉底稍浅的粉底霜，使原本低陷的鼻梁突出起来。

高鼻梁者化妆法

高鼻梁的人在化妆时，如眼窝涂的是浅色眼影，鼻侧影应涂得淡些，也可以不涂。

鼻子较大者化妆法

鼻子较大的人，不宜采用过于鲜艳的眼妆及口红，否则更会加深鼻大的印象。化妆调整应注意色调柔和。鼻两侧抹稍暗的鼻影，色调从鼻根开始逐渐深浓，匀抹至鼻翼。要使大鼻子变细，还可使用较接近白色的粉膏，从鼻梁上往下敷，涂抹均匀，使之看起来朦胧一些，然后在鼻翼使用颜色较浓的粉膏涂敷均匀。从眉头到鼻尖部涂抹稍暗的鼻影(如暗黑色)，眉头处的鼻影较淡，越靠近鼻尖鼻影越深，从眉头到鼻尖两侧形成一条由浅到深的鼻影带。

鼻子较圆者化妆法

鼻子较圆的人，调整要点是使鼻形变得舒展。在眉头到鼻侧中部位置和两侧鼻翼涂阴影，鼻翼用色宜浅，再从鼻梁中间向鼻尖涂明亮色粉底。圆圆的鼻头，给人一种稚气、天真的感觉，但如果配上成年人的脸型，就显得很不相配了。为此，化妆时可首先将暗色粉底在鼻尖近旁抹上，然后向周围晕开，使圆圆的鼻尖周围造出阴影，这样可以使鼻子显得秀气一些。

鼻子较长者化妆法

鼻子较长的人，在鼻梁的中间造成棕色或灰色的影子，再加以浓妆予以掩饰，但化妆要均匀，自然才会好看。在内眼角至上眼睑的部位打鼻影，不向眉头延伸，颜色要淡，向下不要延伸到鼻翼，可适当降低眉头，使鼻根相应偏低，可以用眉笔在原来的眉毛下加画几笔或者在眉头下端揉搓一些绿褐色，再将鼻侧影与之连接。过长的鼻子，在鼻梁上涂淡色粉底霜，但不要涂满，再用深色粉底霜涂在鼻尖上，这时鼻子显得短些了。鼻侧影画在内眼角外侧至上眼睑部位，降低鼻根，向下不要延到鼻翼。另外，将眉头画低些也能起到缩短鼻子的作用。鼻子长度如果超过全脸的1/3，用咖啡色的鼻影从上往下抹，在鼻尖处也擦一些，鼻子看起来就会短一点。

小鼻较宽者化妆法

小鼻较宽的人，化妆的颜色应采用比肤色更浓的颜色，不宜使用白色，应采用褐色或淡黄色的面霜作眼影，再从眼骨顺着鼻子涂下来，而至小鼻部位才慎重地画上阴影。为了强调鼻子的阴影效果，必须使用具有柔和感的桃红色腮红或具有光亮感的阴影化妆品，应注意腮红末端不宜太靠近鼻子。眉形画成有角度的弧形，不宜画得过分细小。眼部的化妆，应有意识地使用华丽的色彩，才能使对方不会太注意到鼻型。同样，口红也应选用华丽的色彩，而将嘴唇轮廓画成丰满型。如此化妆的效果，会在整体形象上显得柔和许多。从整体上来看，应化妆成较具有明快感，不宜有过分的矫饰感；应具有极自然的魅力，这样就很容易地弥补了鼻子的缺点。

鼻子较宽者化妆法

鼻子较宽的人(鼻子宽是指整个鼻梁太粗,而不是指鼻翼太宽)鼻形有臃肿感。化妆方法是用眼影笔(最好是灰色的)在鼻梁的两侧画上两条细细的直线,然后按一般规律施粉底,再用手指将粉底与鼻侧线轻轻揉开。这样,鼻梁就中间收紧了。鼻子太宽,除了要在鼻子两侧用粉底等造出鼻影外,涂抹胭脂时,关键是不能太靠近鼻子。

鼻翼较宽者化妆法

鼻翼较宽(蒜头鼻)的人,鼻梁比较端正,而鼻翼比较宽大,油性皮肤者鼻翼周围常常积存油脂,显得油光光的,使鼻翼更加显眼。这种情况最好用粉饼掩其缺陷,然后用粉刷沾一些浅棕色眼影粉在鼻翼上施入阴影,再向内侧抹开。用略深于肤色的鼻影色(如棕色),从鼻根部延续至鼻翼。注意不要使鼻梁过细,同时鼻翼也要晕染。这样一来通过深色收缩,可以在视觉上感到鼻翼缩小了。鼻翼张得太大看起来不甚美观,修正方法是在两鼻翼部位涂上深色粉底。

鼻翼过宽,也可从邻近部位打主意。一是把离鼻翼最近的嘴巴画大,使之丰满光润,这样宽阔的鼻翼就不显眼了。二是将眉毛的距离拉开,这样,下面的鼻翼就显得小了,如果同时在鼻翼上加影色,效果更好。但不要把鼻子描得细长,否则会出现相反的效果。

鼻翼较窄者化妆法

鼻翼较窄的人,可用些亮色(如淡肉色等)涂于鼻翼靠鼻窝处,再使用棕色在鼻翼靠外一点画假鼻窝,这样能显得鼻翼略宽些。注意鼻梁不能涂得太宽太亮,不要加强鼻尖的亮度,并且避免将嘴唇画得大而艳。

段阶鼻型者化妆法

段阶鼻型的人,宜采用与肤色略同的颜色或略深色的阴影相配。涂抹鼻子的阴影时,段阶部位的侧面不宜化浓妆,而应使鼻子部位具有很自然的感觉。鼻子上的光亮部分也不宜采用白色,而要使用接近肤色的深桃红色。与其以白粉来弥补,倒不如采用略具光泽性的化妆法来弥补段阶部分,因此,有段阶部分应少用化妆粉。

鹰钩鼻者化妆法

鹰钩鼻的人，化妆时将“钩子”部分及鼻子两侧加深描绘，但注意鼻侧影不宜太浓，要整体晕染，化妆后鼻形过大印象便能得到抑制。鹰钩鼻要从鼻子的中央到鼻头都涂上深色的粉底，看起来会缓和不少。

鼻梁不正者化妆法

鼻梁不正的人，加强歪向一边的鼻翼上的影色，并且使对侧上部界线及影色加重，鼻梁就显得端正了。

细薄鼻者化妆法

细薄鼻的人，为了使鼻子显得宽厚些，可以将鼻子的两侧加以亮丽，再在鼻子的基部及鼻孔的上方加深描绘。

红鼻子者化妆法

红鼻子的人，化妆时可以用浅灰褐色调的化妆品加以掩饰。如果经常捏鼻子的话，那么可在颧骨上抹一层隐约的羽毛状粉红，使得看上去红鼻子不那么明显。酒糟鼻患者，可常用精盐涂擦鼻红部位，一日多次，日久会好转。

根据眼睛形状化妆的窍门

眼睛过大者化妆法

眼睛过大的人，眼睛虽然显得明亮，但容易给人一种“一本正经”之感。宜在上眼皮涂上眼影粉，再用眉笔沿上下眼睫毛画一条细线，这样看上去眼睛就不会显得过大了。眼影用褐色或灰色，使之清秀深邃，在眼尾上方加亮色，上下眼线要整洁清秀，这样化妆可以显得华丽、明亮。眼影用褐色，界线要浅淡，眼线要细，下眼线可用黑色或带花色的，这样化妆后显得质朴。大眼睛不宜更加突出睫毛，以免使眼睛显得更大，只要轻轻地涂抹上眼皮的睫毛即可。

眼睛过小者化妆法

眼睛过小的人，虽然显得温和，但人看上去有些平淡，缺少妩媚。从上轮廓线起，用暗灰或灰色在上面晕染，眼线要细长，上下眼线不要交叉（内、外眼角均不交叉），这样眼睛就显得大了。眼线可以画黑色。上眼线由眼角直插眼毛，至眼尾稍作延长，以增加眼幅，形成长眼形的效果，在眼睛的外侧显出宽阔感。这样，眼睛看起来就大了。下眼线不可全画，只要从瞳孔下画至眼尾即可。眼睛小的人不可画内眼线，这样会使眼睛看上去更小。先用浅色眼影粉（可选择浅蓝色）整个打底，再将深色（通常用灰色）眼影粉抹入眼褶。这种方法可以产生一种温柔的效果，以缓解由于将眼睫毛上挑而造成的冷峻感。加暗灰色眼影，眼边深，外侧淡，界限不要分明，眼线略细，这样通过眼影加强温柔亲切的印象。除在上眼皮涂上眼影粉外，再用眉笔在上下眼睫毛边画一条稍粗的线，以扩大眼睛的轮廓。用浅棕色或红棕色涂上眼睑；用暗灰色眼影作强调色在双眼睑处晕染，至眼尾处略微向外延伸并稍向上挑起。上眼线要细长，下眼线不可全画，只要从瞳仁下画至眼尾即可。上、下眼线不要相交。在上眼皮边缘用眉笔画一条深浓的眼圈，然后再用眉笔在眼皮上涂一层浅淡的阴影，可使眼眸显得大而有神。

眼距过近者化妆法

眼距过近的人，首先是在眉头处用眉钳多拔掉一些眉毛，来扩大眼间的距离感。眼影粉的主调应用柔和的暗色，从上眼睑 1/3 处开始涂抹，在内眼角至 1/3 处抹上一些明亮的浅色的眼影。两种眼影粉一定要晕开，不要留下分界线。画眼线时，上眼线从瞳仁开始画至眼尾，下眼线与之相同。上睫毛油时，靠近眼角处的睫毛要加浓，这样可以使两眼的距离拉得宽一些。眼尾线画 2～3 毫米粗，染在眼尾周围。眼影与眼线同色，圆圆地围住眼尾。内眼角处应以稍亮的色调匀染。不施鼻影，只涂明色。上睫毛液时，要注意上下睫毛的外侧，即上完一遍眼睫毛液后，要在睫毛的外侧部分加浓，这样可以使两眼的距离拉得大些。眉头画到内眼角正上方稍外一点，眉形采取柔和的圆弧形，眉弓也应略后于眼睛中央，眉梢略长些。

眼距过宽者化妆法

眼距过宽的人，两眼之间的距离应有一只眼睛的宽度，如超过这个宽度，就显得过宽了。可用眉笔将上眼皮的眼头涂浓一些，稍微超出眼头，再在睫毛上下画细线。眉毛也要相应描得接近一些。根据黄金分割法，两眼间距离应该再容下一只眼睛的长度，超过这一长度在感觉上就显得有些单调。如果出现这种情况就应在上眼影粉时多加留心，以缩小两眼的距离。首先，应该使你的眉毛与鼻子的位置平衡，即眉头在眼角的垂直线上，眉梢、眼尾、鼻翼三点连成一条直线。然后，在鼻梁的两侧施上淡淡的棕色阴影，眼影粉应该从眉头处施入，施粉后晕开，不能留下边缘线。这样两眼之间的距离就从视觉上被拉近了。把重点放在双眼的内侧。所选用的眼影宜为暗色调的。涂时，可从双眼间鼻子外侧处往上涂抹，至眉毛下部。靠近鼻子处的眼部宜抹稍深色调的眼影，眼尾处则宜用柔和些的眼影。画眼线时，也宜用暗色调的眼线液。可从内眼角处起，较清晰、较重地画至眼睑中央，再往外侧画时则逐渐变浅。可在眼睫中央加上假睫毛。涂睫毛膏时，也宜在睫毛中央部分涂刷。两眼间距较宽的人，可用眉笔将上眼皮的眼头涂浓些，并略为超出眼头，眉头也相应描近一些，便可缩短眼距。

眼睛肿鼓者化妆法

眼睛肿鼓的人，宜在上眼皮涂以深色的眼影粉，就能改变肿鼓的印象。眼影粉要均匀适度，不宜涂得太厚。上眼睑先用不带红色调的棕色打底，以解除浮肿感，然后再抹入亮灰色眼影粉。抹这两层眼影粉时，要在睑缘处向上晕化开，而且色调要逐渐变化。为了形成立体感，还可在眉尾之下眼睑处抹上明亮的眼影粉，眉毛应取自然而略近直线的造型，以掩盖眼睑浮肿。上眼睑涂冷色显得清爽，暗灰色眼影呈带状，眼线要细。这样就给人一种冷静的印象。或上眼睑外侧及下眼睑下方涂亮色，上眼睑靠近眼球的地方涂黑褐或暗灰色眼影，从眼睑边向上渐渐浅淡，眼线要细。这样显得整洁深邃。

眼睛细小者化妆法

眼睛细小的人，特点是眼睛细长，总有眯眼的感觉，使人显得温和细腻，但欠生动活泼。涂眼影时，眼线应描绘在外眼角稍微上翘处，使睫毛显得修长，亦可在眼睛周围涂上白色眼影，使其更明亮。眼线的中央部分须描浓些，外眼角处须用棕色带黑的眼膏描绘眼影，并稍微向上翘些，外眼角处的眼影应描淡些。描双重眼线时，要用灰黑色眉笔，在上眼皮描绘双重眼线，并用黑色眼膏，在上眼皮描淡淡的眼影。有些人为了使眼睛显得大，在上下眼皮都涂抹了眼膏，这样化妆的结果恰恰适得其反，会使眼睛显得更小，这点务请女性牢记。宜用偏暖色眼影强调，采用水平晕染方法，上眼睑的眼影由离眼睑边缘 2 毫米部位向上晕染，下眼睑眼影从睫毛外侧向下晕染略宽一些；上眼睑部位用白色眼线笔描画，再用黑色眼线笔在睫毛外侧描画宽一些，上眼线的眼尾略向上扬，下眼线略呈弧形。

稍显眼窝者化妆法

稍显眼窝的人，应先用掩饰眼窝的粉底霜来轻松地化妆眼窝部分，再使用一般化妆品。化妆品应使用比肌肤略深的颜色，这样才能减少他人的注意力。宜用鲜明的红色或深桃红的腮红，这样具有华丽感。由于褐色或淡黄色的阴影颜色相似于眼窝的颜色，因此，要使眼窝的颜色更引人注目，不宜采用这两种颜色。应使用鲜明的蓝色或桃红色，为将眼皮部分化妆得更迷人，再采用桃红色或褐色的光亮化妆品来配合，即适当地化妆眼皮部分。

眼窝较深者化妆法

眼窝较深的人，优点是整洁舒展，缺点是年轻时显“大人相”，年老时显得憔悴。要用浅色、明亮的眼影粉打底，减缓眼睛的深陷感。用棕色或黑色眼线笔沿下眼睑画出眼线，然后在上眼睑折褶处窄窄地抹上一层深色眼影。上眼睑眼影用亮色，以显得丰满。亮色上方加少许发红的颜色，如紫、粉红、橙红等。眉骨用发红的褐色，界限不要分明，眼线自然些，这样化妆色亮丰满。在凹陷的地方用暖色，如紫色，眼线自然，显得整洁秀丽。这是利用暖色使其丰满厚实的方法。上眼皮涂上明亮的底层面霜，轻轻描绘眼线，并涂上染眉剂。画眉时，眉头部分应画粗些，眼角处转细，并使轮廓略带弧形。

金鱼眼者化妆法

凸眼睛给人观感不佳，外突严重者就有“金鱼眼”之嫌。在做眼部化妆时，应选用深暗色的眼影、眼线，绝不可用浅色调。可在上眼皮涂上深色的眼影，使之与眉毛下面的部位衔接好。紧贴眉下的部位用肉色或粉红色调的眼影。眉骨突出的人，不宜在此处再涂抹。画眼线时，宜用深色眼线液，使观感上眼泡变小些。可以多用一些睫毛膏，以强调上睫毛为宜，可先使其蜷曲，再涂上睫毛膏。

圆眼睛者化妆法

圆眼睛的人，虽然看上去炯炯有神，但却给人一种缺少柔情的感觉，通过化妆可以矫正。如果要想使圆眼睛显得修长,可在眼尾处适当延伸并断开,看起来眼睛就比较修长了,从而减弱了圆眼感觉。另外,用棕色眼影粉在上眼睑的瞳孔上方向眉尾抹入,再以同祥方法在下眼睑的瞳孔下方向眼尾抹入,使上下眼影在眼尾相交处形成三角形。将眼影化开成晕,不留明显边缘线。上眼睑全部画入眼线,用深黑色眼线笔作点晕状画入,至眼尾处可向外稍作延伸。下眼睑可以不画眼线。在涂眼睫液时,靠近鼻子的地方可以少涂或不涂,在眼尾处则要多涂些。

眼尾吊高者化妆法

眼尾吊高的人,一般化妆时可采用略具桃红色且有温暖感的颜色。但皮肤毛孔明显的人应采用略带褐色的基本化妆品。腮红应选择桃红色,为了显出温柔与温暖感,所以基本上采用将上眼皮与脸颊连在一起的画法。化妆时要极自然地画出眉形,切勿以为眼尾吊起就故意将眉毛垂下。有些人往往将眉毛画得极端下垂,这是一种错误的画法。因为往上提高的眼尾并未与眼尾相交,应注意这一重要问题。眼尾部分的眼影应画得较浓,尤其是下眼皮应采用眼影与眼膏。使用眼影时,应以下眼皮为主,而上眼皮拟采用柔和的或具有温暖感的颜色。口红也不宜画得过分鲜明,应具有丰满感的轮廓,采用温和感的桃红色或桃色,勿将上层画成山形,也要避免画成很鲜明的薄嘴唇。内眼角的眼影要高,从内眼角向中央涂抹棕色眼影,涂至眼长 1/3 处,在眼尾处薄薄地抹一些略带红色调的眼影粉,眼影末端要细,上眼线末端稍微朝下。上眼睑从眼尾开始用棕色眼影抹入,至眼长的 1/2 处停止,边缘要模糊。下眼睑施眼影时要抹得深一些,尤其是眼尾。下眼线在眼尾处应画得浓些,可用细眼线隐隐描出一些睫毛影。

眼尾下垂者化妆法

眼尾下垂的人,一般化妆时应选择配合肤色且具有自然感的化妆,化妆得太浓或太淡都是不适宜的。腮红应采用桃红色或桃色,从颧骨往眼尾向上推抹开。化妆时,眉形不宜画成末端提高的一直线型,也不宜画成末端垂下的曲线型,最好是采用极具自然感的弯度且眉毛略往侧面延长的眉形。眼影应采用褐色,尽量将眼头部分画得较深,接着再采用鼻梁阴影的化妆法。眼尾部分的眼影也应画得较深,且从下眼皮的眼尾往上推抹开。眼膏的使用应有意地以下眼皮为主,而画在眼头与眼尾部分。可在内眼角用棕色眼影粉抹入上、下眼睑,在眼尾则用灰色眼影粉作晕状抹开,上眼睑的眼影涂至眼尾处即打住,不可向外延伸，内眼角加眼线，下眼线向外眼角挑起，眼线要轻。也可在内眼角处加棕色眼影，在眼睑外眼角处画出眼影和眼线，这样就突出了天真的感觉，睫毛用胶质睫毛油使之拉长。

厚眼皮者化妆法

厚眼皮的人，尽可能地突出眼睛本身而淡化眼皮部分。涂眼影时，可选用中间色调的眼影。从眼角的内侧始，涂至眉毛下部和眼角外侧，形成一个三角形状。再在眼睑中间处涂上一点较明亮色调的眼影，并用眼线液在双眼眼尾部画上暗色调的眼线。涂睫毛膏时，只宜涂在上睫毛处，切不可上下睫毛一视同仁。

眉毛与眼睛距离太近者化妆法

眉毛与眼睛距离太近的人，化妆时应尽量淡化对太窄的上眼皮的注意。可用眉钳略微拔除下侧的眉毛。在涂眼影时，应选用中间色调、稍亮些的眼影，可涂在眼睑附近，切不可太过靠近眉骨。画眼线时，应突出下眼睑的眼线。宜用蓝色的眼线液画眼睛内侧的眼线，可使眼白明显、瞳仁突出，使人注意力集中在眼珠上。涂睫毛膏时，可以涂得浓重一些。戴上假睫毛效果更好。

狭长眼睛者化妆法

狭长眼睛的人，先在眉毛下方涂上光影（亮色），然后将剩下的眼皮一分为二，在内眼角近鼻子的部分涂上浅而有光泽的眼影，在外侧部分涂上较深而柔和的眼影。眼线中央适当画粗些，会产生眼周线减短而使眼睛变圆的错觉。

杏核眼者化妆法

杏核眼的人，可任意选择化妆技法。通常将眼影薄薄地涂在上眼皮及眼尾部分，再用较深的同色眼影在外眼角上方涂至眼尾，最后在眉毛下方涂以浅淡的色调作光影。

宽眼睑者化妆法

宽眼睑的人，特点是眼睑过宽，使黑眼球比例变小，常使人显得眼大无神，反而没有精神，缺少灵气。可用深色眼影贴近睫毛根部向外晕染，眉骨下方用亮色；上眼线沿睫毛根部描画，线条要细，下眼线描画在睫毛根内侧的眼睑上。

单眼皮者化妆法

单眼皮的人，一种是真正的单眼皮，还有另一种叫做“深双眼皮”。真正的单眼皮可在睫毛根部上方用眉墨铅笔画一条线，就成了双眼皮。有“深双眼皮”的可试带较长的假睫毛。假睫毛越长，眼皮的厚度就不会引人注目了。这样，要比画成的双眼皮更好看。

双眼皮者化妆法

双眼皮的人，先均匀地涂上一层棕色眼影粉。眼影粉从眼褶处向上，由深渐浅向眉骨处晕开。在上眼睑的重睑露出部分用深蓝色眼影粉向眼尾抹开。然后，在下眼睑的眼尾附近用深蓝色的眼影粉染入，这样可以把眼形收紧，从整体上就可以感觉一点眼影了。

眼圈发黑者化妆法

眼圈发黑时，可用指尖将棕色系列等比皮肤稍暗颜色的粉底轻轻拍入，脸部也用同色粉底，切不可涂上明亮的白色。还可在下眼皮处涂上较深的底层面霜。

使眼睛更迷人的窍门

描眼影选色法

眼影的颜色色彩丰富，较常用的有棕色、灰色、蓝色、紫色、橙色、桃红及代表亮色的米色、灰色、白色等。每一种颜色中还有深浅之分。阴影色是一种收敛色，涂在希望显得窄小、深凹或应该有阴影的部位，一般包括暗灰、暗褐、棕灰、深蓝、深蓝灰、紫灰、深棕等颜色。明亮色是突出色，涂在希望显得高、突出、宽调、丰润的地方，用来表现强光效果。明亮色一般是发白的，包括米色、灰白、白色、淡黄、淡粉和带珠光的颜色。

淡红色是用柔和的淡红色做眼影，可以强调眼睛的明净可爱，如用胭脂色做眼影，则使面部整体色调和谐统一。紫色具有神秘感，可增添眼睛的妩媚。皮肤白皙的人比较适合涂紫色眼影。灰色眼影在一定程度上可强调或改变眼形的结构。在特定的环境下，绿色眼影可以表现年轻、有朝气，充满清新之感，适合涂在双眼睑皱褶内或者做小面积的点涂。黄色可以作为明亮色来表现结构，或作为一种装饰色。

用阴影色和明亮色的搭配，可以强调眼睛的结构。在需要有凹陷感的部位涂阴影色，在希望显凸的部位涂明亮色。这两种颜色的配合，可以用同色系，如果深棕色做阴影色，用淡米色做明亮色，或者将浓菜色做阴影色，把浅桃红做明亮色。也可以用邻近色进行搭配，如阴影色涂偏深的蓝紫，明亮色用淡淡的玫瑰红等。

眼影仅仅作为一种装饰时就有较大的自由度，可以根据化妆的类型、风格、环境、灯光以及服装来进行色彩组合。在化生活妆时，适宜用同色系或邻近色搭配，而且两种颜色要自然衔接，力求柔和。如在上眼睑涂抹紫色眼影，在下眼睑涂蓝色眼影；在内、外眼角及下眼睑涂红色眼影，在眼睑中间涂少量绿色眼影。

涂了过于厚重的眼影时，可用透明的粉饼，随时修补化妆时过于浓重的色彩。上妆时眼影部位也要上粉底。眼影刷或眼影棒蘸少量的水，用面纸将眼影刷上附着的水分吸掉，眼影刷快干时蘸上眼影粉，以按压的方式上妆。如此眼影不易落粉，眼影的颜色更好。

根据年龄描眼影法

少女眼影宜淡，用单纯素色；成熟女性的眼影可浓艳些；中年女性则应少而深。

中年女性擦眼影，不要擦厚，以免使已趋干燥的眼皮因眼影粉末的多量附着而更显干燥。应选用含有湿润剂并掺有少许珍珠粉末的眼影粉，在使用前一定要先擦上粉底，或在抹乳液时重复几遍，之后再薄薄地打上一层粉底再开始擦眼影，这样眼部就会透出自然的光泽。擦眼影时，靠近眼线的部分要浓些，并且要特别注意将眼影与肤色的交界处抹朦胧，让色彩与肤色自然地融合在一起。

根据眼睛形状描眼影法

眼睛突出者，应用深色眼影；眼睛深陷者，则应用浅色而明亮的眼影。双眼皮宜画浅色眼影；单眼皮则宜画深色的。

根据场合描眼影法

白天的眼影不应含晶莹效果；晚上则可用含有亮粉的眼影，但眼皮浮肿者忌用。日常描画眼影时，室内宜单纯，户外宜浅淡，而在晚宴时可作多色搭配，但不宜超过三种颜色。要使眼睛显得明亮，可用棕色眼影在双眼皮部位淡淡地涂上一层，就能收效。下眼影永远不能比上眼影深，应取上眼影尾部的颜色。黑、咖啡、灰、深紫、橄榄绿、蓝灰等色的眼影适合中国女性，最不适合中国女性的是浅蓝与嫩绿。

描眼影显得性感法

要使眼影显得性感，可在上眼皮靠内眼角一侧涂以浅桃红眼影，靠眼尾部分使用紫色眼影，以上两色均向眼皮中间涂淡，在中部涂以黄色或金黄色眼影。

描眼影显得妩媚法

要使眼影显得妩媚，可以桃红、红紫、紫三种同色系眼影化眼妆，先用桃红色涂于眉毛之下，再用红紫色涂于上眼皮内眼角一侧，剩下的外眼角部分以紫色涂抹。

描眼影显得文静法

要使眼影显得文静，可在下眼皮涂藏青色，眼尾处略延长些，强调眼睛立体感，上眼皮则从内眼角开始用浅棕，眼尾部分用桃红，斜向眼尾上方涂去，显示出文静与优雅。

描眼影显得清雅法

要使眼影显得清雅，可按眼睛形状在眼皮的弧形区内使用棕色眼影，其上涂以紫色眼影，眼皮边缘画上较粗的黑色眼线。

画眼线法

画眼线时，上眼皮外眼角处用棕色、蓝色、灰色或黑色的眼膏涂描，可产生眼睫毛浓密的效果，可用一支黑色眉笔挨着睫毛根部画线，内眼角要淡，睫毛根部深，外眼角要长、黑。

眼线可以勾勒出眼睛的轮廓。娴熟的画线技巧可以改变不完美的眼睛形状，使之变美。画眼线所需的工具是眼线笔或眉笔，眼线笔有液状和粉状，液状眼线笔含有油质，可用质量上佳的毛刷涂抹；粉状眼线笔是很好的勾眼线用品，可用刷子蘸上水后涂在眼睛上，用法同水粉饼相似。

画眼线时，要认清各人的眼睛形状需要调整成什么样的。眼睛较小的人，画眼线可以明显一些；圆形的眼睛，可以从眼睛中间处开始往外画，使圆形变得更像杏形；眼尾下垂的，可以画得稍高一些；眼尾斜吊的，画时可在尾部微微往下描些；眼睛过大或“金鱼眼”，最好不画眼线。

画眼线时，眼睛往下看，一只手将眼皮拉紧，沿着上眼睑，尽可能画一条细线，至外眼角就不要再往外画了。如能在下睫毛下再画一长线更好，但线要画得细而匀。使用液状眼线和粉状眼线效果甚佳，只是不易控制。在选用眼线液颜色时，黑发和皮肤黑的人宜用黑色眼线液，其他人用深棕色的为宜。眼线液和睫毛液、眼影同时使用会产生极妙的效果。若是晚上，可将有色眼线液与眼影混合使用，效果很好。

描绘双重眼线，用灰色或黑色眉笔在上眼皮描出双重眼线，并用棕色眼影膏涂上眼皮。

根据眼睛形状画眼线法

画眼线时，要认清各人的眼睛形状需要调整成怎样的。眼睛较小的人，画眼线可以明显一些；圆形的眼睛，可以从眼睛中间处开始往外画，使圆形变得更像杏形；眼尾下垂的，可以画得稍高一些；眼尾斜吊的，画时可在尾部微微往下描；眼睛过大或“金鱼眼”，最好不画眼线。

适合单眼皮和内双眼皮化妆的方法是将眼线笔和眼影搭配使用。先用眼线笔沿着眼睛边缘画出眼线，眼线画在睫毛根之间会显得较为自然，画眼尾时略往上翘，再涂眼影，使眉毛自然地呈现出层次。不要用黑色眼线画眼廓。只要在上眼皮的外侧画一道细眼线，使尾端稍微上翘。在画上眼线时不要用毛刷和眼线液，应用柔软的眼笔来画，并用手指将它稍微弄模糊些。尽量在下眼皮靠近睫毛处涂些白色亮光剂，使眼睛更明亮。最后在上眼皮的外缘抹白色亮光剂。

画迷人眼线法

要使眼睛更迷人，可在上眼睑的睫毛根部，用削尖的眉笔或者液体眼液，画一道黑线（可稍粗些），若不喜欢黑色，可改用棕色。若眼睛浮肿，可在上述步骤后，再在眼睑上涂一些蓝色的眼影膏，用手指轻轻地将其逐渐抹匀，这样看上去眼皮会显得薄一些。

用睫毛膏从睫毛根部开始一直抹到睫毛尾部，经常这样化妆，以后睫毛便会根根向上翘起来。

同样长的眼线，如果在眼线的中心部位画得粗一些，就能造成眼睛长度缩短、使眼睛显得大些；将眼毛部的眼线延伸，就会给人以眼睛细长的感觉。如下眼睑线比上眼睑的粗，会显得天真活泼；若上眼睑线比下眼睑的粗，眼睛的位置则变高，显得成熟、稳重。

画眼线顺手法

画眼线的最大障碍是手颤抖，要避免手颤抖，可将握眼线笔的手的小指支于脸颊，使之有个稳妥的支点，这样描起来就较顺利了。此外，肘部固定地靠在台子上，使臂膀稳定，也可减少手的颤抖。画上眼睑眼线时，将镜子放得稍低一些，眼半开向下瞧，画起来就容易多了；画上眼睑的眼线时，将镜子置于略微向上的位置，张开眼睛，画起来便顺手了。

中年女性画眼线法

中年女性描绘眼线，由于肌肉松弛，眼睛容易显得松垂，借助眼线的描画，能使眼睛变得传神。眼线容易掉落的人，可在眼线笔描好后，再用眼线液描一次。若皮肤松软不易描画，只要用手轻轻按住眼尾并向后按住皮肤就容易描了。若是眼皮耷拉下来，那么眼线只在眼头和眼尾稍描上即可，描法是由两头向中央描，这样显得比较自然。若是眼皮耷拉下来眼尾又下垂时，眼影只要将上眼睑擦得不要超出眼宽，再将眼睑画在距离眼尾约 1/4 的位置上。

美化眉毛的窍门

选择眉毛形状法

平直眉形，给人以秀丽温柔、娴淑的感觉，适合中、青年女性；直线眉形，给人以年轻、活泼、鲜嫩、聪慧的感觉，适合年轻女性；有角眉形，给人以理智、成熟、老练、豁达的感觉，比较适合中、老年女性。

使眉毛化妆协调法

眉毛的化妆直接起到平衡面部的作用。如果眉形选择不合适，会夸张脸部本来的缺陷。若从整个脸部出发选择合适的眉形，可以弥补脸部的缺陷，取得很好的化妆效果。

修饰眉毛法

眉毛修饰的要诀，不在于加深眉毛的颜色，更为重要的是整理好自己的天然形态，使之看上去轮廓分明，秀丽自然。修饰眉毛时，要先用一个清洁的硬毛牙刷顺着眉毛的自然生长方向刷一遍，然后用眉笔确定好眉头、眉梢和眉的最高点的位置，再用小型化妆笔将合适的眼影粉扫在眉毛上，最后用牙刷向上扫一遍即可。

首先要用眉笔描出喜欢的眉形，如柳叶眉等，然后拔去多余的、又粗又乱的眉毛。如果有些地方的眉毛太少则要补画，太淡要加深，一般是眉头、眉梢描得淡一些，眉中间描得重一些、浓一点。自然眉型，利用原来的眉毛，稍加修整，使之微带弧形，眉毛两端在同一直线上。可爱眉型，眉毛的长度与眼睛相等，眉尾弯曲上翘，会显得活跃。敏捷眉型，在保持直线的基础上，自然地稍向上翘，眉尾略拉长，显得聪颖。成熟眉型，眉首与眉尾保持在一条直线上，眉毛画粗些，平直而略短。

描画眉毛时，先用眉笔把眉毛染黑，再用眉笔的笔尖逐一描补出缺少的眉毛线条，最后用描眉刷顺着眉毛的长势轻轻刷去，便可弥补眉毛过于稀淡、短细的缺陷。

眉墨中的颜料，可能使毛根干燥，反复使用恐会损伤眉毛之美。所以，最好只在修眉时才使用。拔眉时，要一根一根顺着毛根的方向夹拔。眉上、眉下于双眉之间，要拔得整齐而彻底。而眉位部位，用剪刀剪去突出的眉毛，再以眉刷梳整齐即可。年轻人最好还是不要过分破坏眉形，以自然形状最佳。

有的女性因眉毛不理想，采取拔眉修饰，但是拔眉毛时非常痛。先用棉花蘸上 90％的医用酒精涂抹眉毛，然后再轻轻拔除，就不会太痛了。

戴眼镜者饰眉法

戴眼镜的人，眉毛化妆和眉形选择成为重点。一般眉毛化妆要粗，要错开眼镜的框架，切忌眼镜框架与眉毛重叠，那样就失去了眉毛的装饰作用。如使用大框架眼镜，可适当将眉毛画得低一些，以保证眉毛出现在镜片之中，从正面透视可见到眉毛；如使用小框架眼镜，要把眉毛画得高出框架，使眉毛确实起到衬托眼睛的作用。

眉毛过稀者饰眉法

眉毛过稀的人，按适合自己的眉形描上轮廓线，用拔眉钳将多余的眉毛拔除，然后用眉笔将眉线画出。笔与笔之间要有间隙，不要一笔画下来，而要把向斜上方画出的每一笔细线都巧妙地连接起来，使之有立体感。眉笔的颜色一定要比自身的眉毛颜色稍浅，以免画出的眉毛过黑过浓。也可利用眉笔描出短羽状的眉毛，以假乱真，再用眉刷轻刷，使其柔和自然。这种眉形不宜将眉毛画得过于平板。眉毛过稀，可每天用刷子蘸隔夜茶水刷眉，长期坚持，眉毛会长得浓密发亮。

眉毛过密者饰眉法

眉毛过密的人，先拔去多余的眉毛，然后用眉笔根据眉骨的形状画一条眉线，再用小剪刀沿着眉线剪出一条切割线，最后进行修剪。

眉毛过于平直者饰眉法

眉毛过于平直的人，可将眉毛的上缘剃去，使眉毛形成柔和弧度。

眉毛高而粗者饰眉法

眉毛高而粗的人，可剃去眉毛的上缘，使眉毛与眼睛之间的距离拉近些。

眉毛太短者饰眉法

眉毛太短的人，可将眉尾修得尖细而柔和，再用眉笔将眉毛画长些。

眉毛太长者饰眉法

眉毛太长的人，可剃去过长的部分，眉尾不宜粗钝，宜剃眉尾的下线，使之逐渐尖细。

眉毛太弯者饰眉法

眉毛太弯的人，可剃去上缘，以减轻眉拱的弯度。

眉头太接近者饰眉法

眉头太接近的人，可剃去鼻梁附近的眉毛，使眉头与眼角对齐，然后再用眉笔描补。

眉头太远者饰眉法

眉头太远的人，可利用眉笔将眉头描长，以缩小两眉之间的距离。

眉毛杂乱无章者饰眉法　眉毛杂乱无章者，每晚可用凡士林或冷霜顺着眉形向外侧涂抹。久而久之，眉毛就会逐渐长顺。

隆凸眼皮者饰眉法　隆凸眼皮的人，采用直线形眉，眉峰要尽可能修低，眉不能过细，否则更增加肿胀印象。眉峰不能采取弓形，否则更会强调眉和眼之间的距离。

眼皮凹陷者饰眉法　眼皮凹陷的人，眉毛要画粗些，采取自然而弯曲的弓形，弓形不宜过窄，避免显得过于老成，或有不健康的印象。

修饰睫毛法　睫毛经过巧妙修饰，能够显得更加美丽漂亮。脸在未搽粉底之前不要画睫毛。涂睫毛油之前在睫毛上搽粉，在涂两层睫毛油之间也要搽粉。这样化妆后，睫毛会变得又长又密。化睫毛妆时，应从下睫毛开始。一旦眼睛化妆完毕，就要用一个很小的睫毛刷把睫毛梳开。

若想使双眸持久亮丽，等第一层睫毛膏干后，在睫毛上刷一点蜜粉，再刷第二层，效果会更好。为使眼部清亮有神，眼部色彩不宜太多，最好选用具有养护睫毛效果的睫毛膏。亮光睫毛膏也可在使用一般的睫毛膏之前使用，以使睫毛更显浓密。要刷出浓密的睫毛，应在睫毛根上仔细涂上睫毛膏。不要一次涂好，应在第一遍干了后再涂第二遍，反复涂几次。将眼首到眼尾间分为 4 等份，用睫毛刷的尖端部分慢慢地在睫毛上刷上睫毛膏，使睫毛显得浓密，效果会更佳。

彩色睫毛膏可与服饰搭配使用。若在睫毛根部涂上颜色强烈的睫毛膏，整体搭配不易平衡。可先涂上亮光睫毛膏，再涂上需要色的睫毛膏。

饰出漂亮睫毛法　要刷出弯曲的、卷度漂亮的睫毛，要缓缓地往上涂刷，睫毛即刻又卷又漂亮。若要使睫毛的卷曲度大，只要在往上涂刷时静止 5 秒即可，睫毛的卷曲度可持久不变。眼首的睫毛卷曲度若清楚分明，整体效果会更好。

要刷出长睫毛，应在睫毛全部刷上睫毛膏后再在睫毛尾梢加刷一次。

如能将尾梢往上翘后，再刷上睫毛膏，效果更佳。

使双目明媚法

要使双目明媚，每星期应用渗透性美容霜按摩眼部周围10分钟，然后用棉球蘸少许盐水抹睫毛，可长出新的睫毛。每晚临睡前，用温水洗净面部，并用热毛巾将眼睑部位热敷一会儿，切记不要用太热的水；然后用少许含维生素D的鱼肝油擦在睫毛根及睫毛上，长期坚持必能收效。用一杯橄榄油调拌1汤匙红酒，临睡前涂在睫毛根部，将剩余的溶液放在密封的瓶子里，下次使用前摇匀即可。每晚临睡前，用一点杏仁油抹在睫毛上，时间长了，睫毛自会变得厚密漂亮了。也可用橄榄油代替杏仁油，不过使用时应十分小心，避免刺激眼睛或引起眼部肿胀。

使用假睫毛法

使用假睫毛来补充睫毛的不足，要比使用睫毛膏的效果更好、更自然。自然的睫毛很少能长得十分浓密而长的，使用假睫毛会使人的脸部更显年轻。假睫毛的颜色，应比本人毛发的颜色暗一些。

使用假睫毛前，可将新的假睫毛放入温水中浸泡几分钟，以溶解其中的胶水。根据自己睫毛的状况，选择是否全部粘贴或部分粘贴。若是全部粘贴，首先要量一下假睫毛的长度，从内眼角侧开始到外眼角，不应超过外眼角，长的部分可用刀片裁去。用牙签蘸胶水，沿假睫毛根部涂一道线令其有粘性。用手拿起假睫毛，尽量靠近自然的睫毛根部贴住，并用牙签压住睫毛，令真假睫毛合一。然后可用眼线来填补睫毛的空隙，并遮掩多出的胶水。还可用睫毛膏修饰一番。若是部分粘贴，先用刀片裁切出所需的长度，再把假睫毛绕着手指卷一圈，贴时就可顺着眼睛的弧度服帖地附在眼上。上眼睑贴了假睫毛，下眼睫毛就要涂睫毛油，以求得上下协调一致。或用眼线笔轻轻地在下眼睑画出极不明显的睫毛，像是睫毛的影子。也可用眼线笔描画下眼线，然后用手晕染开。

使假睫毛更自然法

假睫毛常常过密、过长，想让它显得自然些，就得适当修剪一下。修剪时不要平剪，而要竖剪，这样会使假睫毛有点参差不齐，看上去就自然了。眼角处留得不要密，可将假睫毛剪去1/3。粘的时候，在眼角处留出1/3即可。这样，假睫毛的感觉就不会太明显了。

保护假睫毛法

假睫毛虽然纤细精美，却很脆弱，因此使用时要特别小心。从盒子里取出时，不可用力捏着它的边硬拉，要顺着睫毛的方向，用手指轻轻地取出来；从眼睑揭下时，要捏住假睫毛的正中，“唰”的一下子拉下，动作干脆利索，不要拉着二三根毛往下揪。用过的假睫毛要彻底清除上面的粘合胶，整整齐齐地收进盒里。注意不要把眼影粉、睫毛油等粘到假睫毛上，否则会弄脏、毁坏假睫毛。

根据嘴唇形状化妆的窍门

嘴唇化妆法

修饰唇形，令唇形显得更为美丽。嘴唇的两角要涂画得稍微上翘一些，显出微笑的唇形。这样，既能予人微笑的观感，又避免了嘴角下垂的衰老感。唇形的大小要配合脸型和身材。唇线勾勒时应根据不同表情而描绘，避免过于平直而显得呆板。同时，唇峰也不应涂得太尖而突出，唇线应以平滑、浑圆为佳。为能较久地保持理想的唇形，涂口红前，应先涂一层粉底或化妆粉。应尽量控制和避免咬唇、含唇、嘟嘴等嘴部的不良习惯性动作。这些小动作，会破坏涂后唇形的美丽。一般来说，双颊丰满的人嘴唇显得比较小，同样道理，唇部大，颊部就不显眼了。但是，双颊丰满的人不必将嘴唇描大，只需将其上、下方画一定宽度就行了，这样，嘴唇看起来就显得宽厚，而双颊也会显得清瘦。

嘴唇过厚者化妆法

嘴唇过厚的人，会失去玲珑秀美之感。用口红削薄唇部，上唇和下唇的唇线，均应画在自然唇线的内侧，同时可用口红加长嘴两端，以缓和中央部分的厚度。厚嘴唇的人应避免用亮光唇油或带有亮色的口红，宜选用深色的口红。可先用粉底隐去原有的唇边，再用唇笔沿原有唇廓向内 1 毫米左右勾画出上下唇的理想唇线，唇中央涂略深些的口红，外嘴角近唇边外涂些浅色的口红，但界限不宜过于明显。口唇的湿润处理：决定口角的位置之后，用唇笔画出嘴唇轮廓，然后用口红涂上。嘴唇如果太湿润，涂口红的效果较差，如先用化妆纸将水分和脂肪抹去，再涂上口红，这样会使嘴唇显得更为丰润光泽。

嘴唇过薄者化妆法

嘴唇过薄的人,往往给人以刻薄、冷酷之感。可用粉底隐去原有唇廓,再用唇笔蘸亮色口红沿原有的唇廓向外1毫米左右画大外围唇线,线条要求丰满圆润。最后在唇线内涂上明亮的口红,如桃红色,不宜用深色口红。选用口红时,应将口红略微涂出嘴唇自然外缘。同时,应注意口红颜色不能与嘴唇的本色相差过大,以免令自然唇线和加厚部分界限分明。另外,还可以在双唇的中间涂上一点亮光唇油,以增加唇部的丰满感。

嘴唇有厚有薄者化妆法

嘴唇有厚有薄的人,可在描唇的轮廓线时加以纠正。如下唇过薄可把下唇线向下描1毫米,如上唇过薄则沿唇曲线向上描1毫米,使不相称的嘴唇变得协调自然。嘴唇上薄下厚是普遍的一种唇形。在选用口红时,宜用两支深浅不一而色调一致的口红。涂下唇的颜色应比涂上层的颜色深。在下唇的自然唇线内侧描画勾勒出人工唇线,上唇的唇线则依旧。上唇的中央部位还可稍加涂一点亮光唇油。绝大多数的人嘴唇的两角或多或少地都有些下垂。

嘴唇较平者化妆法

嘴唇较平的人,可先用较深色的口红涂嘴唇外缘以突出唇形,然后用较淡色的口红涂到嘴唇中部,最后在上下唇之间涂鲜红色口红,使唇形显得丰满。

嘴唇下垂者化妆法

嘴唇下垂的人,可用唇笔由下唇角向上画,越过上嘴唇角,涂好口红,就变成含笑的唇形了。过于下垂的唇角,会增加衰老感。因而在涂画口红、唇线时,应将下唇线略微向上方提起。下唇选用的口红色泽应比上唇的色泽略微深些。对于太大的嘴唇,在涂画口红、唇线时,应将上、下唇的唇线靠近原先的唇线内侧少画。嘴唇两角处最好用色泽较深些的口红,而中央部位宜用稍浅些的口红,还可添加亮光唇油,可用深而光亮的颜色打底影,使唇部在观感上中央较厚、两则薄短,缩短了原先大的唇形。

嘴唇上翘者化妆法

嘴唇上翘的人，在描唇的轮廓线时，可将口角略降低3毫米左右，口红的颜色在中间部位可略深些，两侧口角处可稍浅些。

嘴唇过宽者化妆法

嘴唇过宽的人，先在嘴唇上扑一层粉底遮盖原唇线，然后在原唇线内勾画新唇线，缩短唇角线，强调弓形轮廓。在新唇线内涂较深色口红，嘴唇就不会显得突出了。

嘴唇短者化妆法

上唇短，笑即露出齿龈，怎么办？可将口红的颜色与牙床的颜色一致起来，牙床就不显眼了。嘴唇短的人，涂时可将两端略微拉长一些，唇峰至嘴角稍为加宽一些，以缓和短小感。嘴唇左右不对称的人，可以小的一边配合大的一边，即在小的一边加大涂唇的厚度。宜使用暗红色口红。

嘴大凸出者化妆法

嘴大凸出的人，要在口红的颜色上下工夫。有一种方法是用化妆底色将嘴唇的外缘部分盖住，然后，只在原嘴唇的中间部分涂口红，似乎把原来的嘴缩小了一圈。但是，这种方法不够理想，显得不自然。另一种比较现实的方法，是用透明的、颜色柔和的口红，涂好后过2～3分钟，再用软纸按一按，使口红与嘴唇的颜色融为一体，这样会显得自然而漂亮。这种口形切忌用颜色鲜艳的口红涂得过浓，那样就会突出缺陷，产生反效果。

根据面颊和额头形状化妆的窍门

颧骨突出者化妆法

颧骨突出的人，若能适当配合，则会由观察的错觉使突起的颧骨不至于过分明显。腮红不要搽成圆形，应使用较自然的颜色在头发的边缘搽成朦胧状态。搽腮红如果技巧欠佳，会呈现浮肿的模样。因此，最好只在脸颊的凹处使用，颧骨部分只需淡淡地扫一扫就行了。应注重眉形长度与宽度，否则脸型会形成菱形。

面颊松弛者化妆法

面颊松弛的人，若想弥补面颊松弛得略下垂的缺点，则化妆所采用的颜色应比肤色略深。先从耳朵前面往下巴方向涂上阴影，再用手指往脖子方向推抹开去，最后再采用一般化妆法。口红涂抹必须将嘴角往上画出，但山形部分不宜画得太高，也不要向嘴唇两侧过分延伸，必须自然地画出。口红的颜色不宜采用桃红色，而应使用极其自然的颜色，避免使人感觉脸颊松弛下垂即可。腮红应从颧骨往侧面上方推抹成船底形；额头至鼻梁部分必须化妆得具有光亮感。眼影也和眉毛同样略往外侧推抹开。腮红的颜色能够加强光亮部分的效果即可。眉形略往外侧延伸且画成略粗的缓和弧形，意在以腮红与眉毛长度来强调脸部的上方部分，如此也同时强调了下巴的阴影效果。

使面颊协调化妆法

脸庞大，可借助唇、眼、眉的化妆而显小。唇部要描大，使嘴唇占有一定的分量与宽宽的面颊相适应；眼睛周围使用亮色，亮色以下就会显小，眼线和眉画得细长，这样整体效果好，脸庞就显得小了。

额头狭窄者化妆法

额头狭窄的人，若想化妆成现代型，则化妆方面应略含暗色调；若要穿着和服，则基本化妆颜色拟用较白色或桃红系列。眉形应画得较细小且要求左右平衡，眼部化妆具有明亮感而不宜形成黑暗感，这样才能化妆得极其艳丽。若将头发剪成倾斜状，则刘海应略长，而采用深色调的化妆法，即可具有现代女性的风格。若将刘海蓄留较长，则化妆的重点应在于眼部一带。选择发型时应尽量让发角显露为佳，不论采用何种分发线，均要设法使头发向左右两边展开，并且向外蓬出，这样前额才不会产生狭窄之感。

额头宽阔者化妆法

额头宽阔的人，可用比粉底暗一些的色彩，晕染到额边，在额中央着色稍亮，这样就能收到额部变窄的效果。眼睛、脸颊在基本化妆方面皆不宜画得过分浓厚，应显得自然清晰，这样妆扮才能显示出极具高雅性。

额头凹陷者化妆法

额头凹陷的人，应将凹陷部位施以亮色（即淡白色、肉色或黄色中加一点白色均可），使其产生隆突感。

额头凸出者化妆法

额头凸出的人，应使用阴影色（即深紫色、褐色、蓝紫色等）渲染，缓冲凸感，使其产生平凹感。

根据颈部和下巴形状化妆的窍门

脖颈较短者化妆法

脖颈较短的人，化妆时可用湿海绵蘸固体的水粉饼，然后纵向涂抹均匀，即可防止弄脏衣领。用比肤色浅的粉底在颈部中间涂一直线，用化妆棉化开，然后选穿 6 形领上衣，颈饰和耳饰宜选用小粒精巧的。

脖颈较长者化妆法

脖颈较长的人，在颏下水平横向地涂上棕色粉底，用化妆刷打开，再上平日用的粉底。选穿高领或包颈领子的上衣，头发可留至下颌水平或稍长，发型宜丰满。颈饰和耳饰可大些。

双下巴者化妆法

肥胖的人大都会出现双下巴。运用深色胭脂涂在下颚处，可在感观上淡化下巴的缺陷。必须使用比肤色略深的颜色在双下巴部位作阴影化妆，再向脖子方向抹开。整体上仍应采用小麦色。腮红应往上推抹，绝不可往下推抹。为了尽量减少对下巴的注意力，应将眼部化妆得更美丽动人。眉形不宜采用技巧性的化妆，只需顺其自然地画出。眼影应采用数种颜色适当地配合，才能使眼睛更迷人。应使用鲜明的口红，将嘴巴轮廓清晰地画出，并具有自然感地往侧面略扩大些。

新月形下巴者化妆法

新月形下巴的人，下巴部分应采用比肤色略浓的阴影，整体上仍取小麦色，这样才能与阴影相配合。从鼻梁侧面至眼睛下面、脸颊下方、下巴外侧都应有光亮性的化妆，使脸型具有丰满感。腮红应从颧骨至外侧略往下地广泛推抹开去。眼影不宜用褐色，应使用浅蓝色或黄色。若采用褐色眼影，则脸部中央易产生凹下去的感觉，也会使原想掩盖住的下巴缺点更为明显。在眼睛周围应使用鲜艳的颜色或柔和的颜色来化妆。使用口红时，嘴角应略往上画出，才能显示出丰满感，而颜色仍使用温和的为好。

尖下巴者化妆法

如果下巴为尖三角形，就要在抹口红时突出嘴形的尖巧；如果下巴是平的，嘴唇偏厚，则可将下唇画成圆弧形；如果是翘下巴，在耳根下至整个下颌线上，涂以较深色的胭脂；如果下巴太窄，则可以用明亮颜色的胭脂；如果下巴内缩，在下巴抹上一些明亮的粉底或胭脂。

耳部化妆法

耳部化妆时，可将基础粉底均匀地涂敷在耳朵的里里外外，凹凸中间，耳垂各处。在涂抹好粉底色的基础上，把耳朵稍前部分、高的部分和耳垂部分，用与粉底色同调的但略微明亮的颜色匀净。在耳垂上涂上微红的颜色，这是为了使耳垂更加丰满，更感自然。膏脂状的油质腮红胭脂使用很方便，效果也很好。如果耳垂比普通人厚，则在耳的轮廓上淡淡地匀染红色。反之，若耳垂较薄，则把红色由周围向中心晕染。如果要戴耳环，则仅在耳轮廓上轻染淡红，这样看起来便很美观。

戴眼镜者化妆的窍门

戴平光眼镜化妆法

眼镜本身也是一种装饰品，如果配戴平光眼镜，不受度数等客观条件限制，戴上眼镜后，镜边不应遮住眉毛。对镜子观察自我形象，若肤色较白，镜框和镜片颜色较浅，化妆时应以清淡为主；若二者皆较深，化妆时可浓深一些。涂抹口红时，宜视镜框和镜片颜色的深浅而定深浅。如果双眼较小或间距较近，在两侧太阳穴处涂抹适量胭脂与眼镜相配，可以给人美好的视觉印象。假若脸型瘦长，在两颧处涂抹稍浓的胭脂，既显出青春活泼之美，又可从视觉上缩短脸庞。眼睛是心灵的窗口，眼镜是心灵的窗架，镜片是窗上的玻璃，请镶好玻璃，并擦亮它。

戴近视眼镜化妆法

近视镜片缩小人的眼睛，化妆时，就必须给予强调，眼线膏可以发挥很大的作用。在画眼线和眼影时，应画得浓些，在眉毛下部与睫毛上方使用淡色眼影膏，以使眼睛显得有神。如果眉毛较淡，可用眉笔加深，注意不要使用很淡的颜色，以免让人看起来觉得稀奇古怪，显得不协调。

戴远视眼镜化妆法

远视镜片有放大眼睛的效果，化妆时，应该用较淡的笔触与色彩，使化妆显得柔和淡雅。使用眼线膏时，要用得稍模糊些，这样才能显得自然。还要注意，在给睫毛抹上睫毛油之后，应该梳理干净，因为睫毛上留存小点或结块都会被镜片放大；眉毛也应该细心修饰，保持整齐。

戴隐形眼镜化妆法

化妆前及保养前，要先戴上隐形眼镜，也就是说在洗脸后就戴上。用粉扑或蜜粉时，要轻轻地按及抹，切勿用力扑打，否则容易将粉末散开而跑到眼睛中，多余的粉可用较大的刷子慢慢地刷下来。涂眼影时，可选择液状的眼线或粉状的铅笔眼线，这样不会糊掉。要选择优良的睫毛刷，以不容易脱落的为好，轻轻地刷，千万别将小毛刷的毛掉到眼睛里。使用睫毛膏时，一根一根地慢慢刷，刷完后不要立刻眨眼，最少在刷完10秒钟后，看看睫毛液是否干了，才能自由地眨眼。卸妆时，先洗手（要避免隐形眼镜上沾到油脂，否则容易引起眼睛的疼痛和发炎，手部的清洁极为重要），在摘下隐形眼镜后，再用卸妆乳液把睫毛膏彻底清洁，最后用清水将眼部卸妆油洗去，直到完全清爽为止。

戴太阳镜化妆法

浅色的镜片，要注意眼部的化妆，眼影色彩与镜片类似，避免镜框幅度过于宽广，而眼线在眼尾处向上扬起，以强调眼部。镜片色调深，唇部给人的印象会增强，重点放在唇部，色彩以明丽为宜,使唇部轮廓清晰地显现口红,最好使口红的颜色与镜框色调相同或相近。佩戴红色镜框,胭脂要刷得淡些,因为镜片的反光会使胭脂的颜色加倍明显。如果戴上深色镜框的太阳镜,只需加重眼尾即可。如果眉毛刚好露在镜框外,不妨将眉毛描成与镜框上方线条弧线平行的眉形,这样脸型整体感更好。

根据角色、环境场合化妆的窍门

新娘化妆法

纯真高洁,是新娘的魅力所在,但这一特征往往被人们忽略。常见一些天真无邪的新娘被打扮得风骚逼人,失去少女的天然韵味。天然去雕饰乃是新娘妆的精髓所在。因此,化妆时务求清新明丽,薄施或不施脂粉,淡扫娥眉,以突出鲜嫩、光洁的肌肤,充分体现自然美。

年龄在25岁以下的新娘,化妆可清淡些;年龄大的新娘,化妆色调可稍浓重些。肤色黄或黝黑的新娘,宜采用浓妆;肤色白皙、皮肤细嫩的新娘,可用淡妆来显露其自然美。

粉底的颜色要根据皮肤的颜色而定,偏白或偏黑的肤色都会与纯白的婚纱礼服不相协调,所以白皙的皮肤宜选用比平时深一二号的粉底,偏黑的皮肤则选用比平时浅一号的粉底。胭脂一般可选用粉红色或珊瑚红系列,点在颊骨上,向耳旁轻轻化开。对圆脸或方脸的新娘,则应选用深一号的胭脂以取得理想的脸型。

新娘化妆要尽量显得自然、大方、端庄、高贵典雅,最忌浓妆艳抹,使人感到过于轻浮。面部化妆宜用暗色,色彩应从眼眶向外逐渐变淡。使用颜色时,种类不宜过多,明暗色调选用上不要反差太大。描眼线时尽量贴紧睫毛,眼线要画细一些,在眼梢处略画出一点,并微微上翘,可以增加妩媚感。眼影膏选用比肤色深一二号的肉色、浅棕色或土红色等,涂抹要有层次,先抹浅色打底,再在眼睑处涂深色并向外化开。眉的形状应在婚礼前两个月基本修饰好。画眉时要按眉毛自然生长的特点及色泽画,即眉心略粗,眉梢略细,色泽渐淡,眉梢稍微向上翘起,使脸部显得开朗、明快。

口红不宜过于浓艳,应该选择淡一些的颜色,如粉红、桃红等,这类颜色较接近嘴唇的颜色,给人一种健康自然的美感。涂完口红后,用纸巾轻轻按一下,以便除去口红表面的油脂,不至于在饮酒时粘到酒杯上。

面颊的化妆要自然，不要在涂了胭脂和未涂胭脂的皮肤之间留下分界线。胭脂的色调应与口红一致。

发型、服装、发饰要协调。应首先选择能突出新娘个性的服装，然后再根据这套服装考虑合适的发型。在婚礼上，新娘大多爱穿齐踝的裙子。所以，发型也需要有些量的感觉。不过，头部如果弄得太大，会显得不够简洁，反而失去了那种应有的轻松气氛。同时，也要考虑当地的风俗习惯，不能一味追求个性。

发饰应采用与服装相同的色调。发饰过大、过多都会显得俗气，此时不妨利用人造花、鲜花、绸带等作发饰，但它们都要与服装的色调相同。比如可将耳朵以上的头发往后上方梳拢，要注意梳得松一些，使头发稍稍鼓起，然后用发夹夹紧，再用发夹把绢花和打成蝴蝶结的绸带别在头上。这样，一种既简单、大方又不失华美的发型就做成了。

参加宴会化妆法

由于参加宴会的人都要刻意打扮一番，所以宴会妆要特别讲究细节。上粉底的顺序是先打粉条，再扑蜜粉，色彩以亮丽色系列为佳，如桃红、粉红、紫红等。要格外细心描绘唇妆，比较放心的办法是选用防水口红。同时，化妆色彩还要和衣服相配，但也不要妆扮过度，以免抢了主人的风采。参加宴会时，最好选择成熟稳重的口红颜色。先用粉底掩饰本来的唇色，接着以灰褐色口红为底色，再涂上一层大红色的口红。避免使用亮光口红，以免给人轻佻的错觉。

参加舞会化妆法

舞会大都安排在晚间，隆重而热烈。按照礼仪标准，要求宾客容貌应明艳亮丽，光彩照人，这也是对其他宾客的尊重。舞会强烈的灯光会使皮肤发青，变得灰暗，胭脂要重，口红要红，画眉要浓，眼线要明，睫影要显，以塑造整体和谐美。

化约会妆法

约会妆切忌用太多颜色，应尽量表现出少女自然、纯真的本来面目，如果每次约会都修饰过多，结婚后就很难以真面目去面对配偶。因此，日间的约会妆最好抹液状粉底，然后再按上蜜粉，诀窍是先把粉扑揉一揉再按，这样能使皮肤呈现透明自然的质感。色彩以粉色系列为佳，如粉红、粉橘等都不错。日妆最好不要强调修容，眉毛也不要加重，甚至连眼线、唇线皆可省去。夜间约会妆应比日妆稍浓一些，如眼线、眉毛、唇线都可以加重，同时不妨再以咖啡色修容饼修饰脸型。

化求职妆法

求职时化妆要表现果断、有能力的性格，应突出下巴轮廓。如果下巴轮廓无法突出，则将眉、眼、唇的线条描得清楚一些。化妆要自然，稍微华丽一些也无妨。一般人事部门对化浓妆的人印象不佳，认为过分追求化妆者不安心工作。化妆自然而轮廓清晰者，会给人留下好的印象。

化社交妆法

无论是公关活动、出差，还是走亲访友、旅游度假，化妆均以雅为佳。优雅的淡妆与得体的着装、成熟的风韵、渊博的知识交相辉映，衬托出高雅的气质。社交妆不能擦得像“红脸关公”、“白脸曹操”，也不能打扮得花枝招展像个“花旦”，须知艳俗的化妆有失尊严，也有失礼仪。

化艳丽妆法

当你和男友约会或参加宴会时，需用艳丽式化妆法，这种装点令你更富女性特有的魅力，引起人们对你的注意。艳丽式化妆法的要点是：对眼睛和双唇要下工夫，使整个面部形成较强的反差。用粉红色粉扑打底，上下唇用紫红色口红，双眉帘用蓝色画笔轻抹，眉毛画成微月牙形。

化浪漫妆法

参加联欢会、舞会、婚礼、看戏剧、电影或和朋友聚餐等，可采用浪漫式化妆法，会给人以温柔、潇洒的感觉。浪漫式化妆的要点是：眼、颊和唇的颜色要柔和。用眉刷把眼眉描成弧形，不着色，而用半透明粉轻轻地在眉毛上扑一下。眼睛的上半眼窝用灰色涂匀后再淡淡地涂上些粉色。用基本色在双唇涂底后，再用玫瑰红或桃红色涂匀双唇。浪漫型化妆粉底要浅些，使皮肤显得柔软滋润，眉毛要描得稍弯，眉毛粗黑者可用粉底稍加遮掩。眼形要画得稍圆，眼影以粉色为主。涂口红时不要描画唇形，宜用粉红色。胭脂要涂成圆形，以粉红色为主。

化浓妆法

浓妆的主要优点是可以更多地掩盖脸部的缺点，但需要较高的技巧，对颜色的协调要求更高，因此其关键在于色调的配置上。眼影、胭脂、口红一定要协调，不能给人以怪异或滑稽的感觉。浓妆宜用在欢快的舞会、喜庆的宴席等气氛热烈的场合，但天真活泼的少女和垂暮的老妇不宜采用。

化淡妆法

化淡妆的特点是强调自然美，使人看到其效果而不察觉化妆的手段。其关键在于色调要淡，粉底要尽量接近肤色，最多只能深浅两级，胭脂、口红要显得自然，不宜过于鲜艳。眼影不要过深过宽，眼线不宜露出睫毛线外，眉线也尽可能描在眉毛内。

化日妆法

白天化妆的关键在于粉底霜的使用技巧，必须精心选择接近于肤色的粉底霜长期使用。脸上色斑较多者，应经常使用色斑霜，还可用掩盖力强的粉底霜或掩盖霜来修饰瑕疵，然后再施粉底或胭脂。选用眼影粉、胭脂、口红时，要根据自己原有的面容色泽，不宜过分明艳。总之要给人以自然、舒适、年轻的感觉。少女和垂暮的老妇不宜采用。

化晚妆法

晚妆要比日妆化得浓一些，特别是参加宴会或舞会时，应选用光亮明艳的胭脂、口红和眼影粉，多施些睫毛油膏。掺有矿盐和云母的胭脂可折射光线，用于晚妆效果很好，但皮肤过敏者不宜使用。晚妆的口红颜色应选深桃色或玫瑰色。眼睛用晚妆的眼液。眼影膏通常用两种以上的颜色混合调制，大多以银色或金色为主。腮红可选用鲜红色或浅红色，可选用与肤色相同的粉底。头发可稍微抹一些发光油脂，但不宜过多。可用适宜东方人的植物类香水，最好在腋窝、手腕、颈部等处洒些香水。

化田园妆法

当参加郊游、体育活动或自由外出时，可用田园式化妆法，会给人以自然、大方的形象。田园式化妆法的要点是：脸部肤色自然，唇部不着色。用块海绵将面部涂上淡棕色，好似曾经太阳照晒，并用棕色粉扑在眼窝处轻搽。用眉刷将双眉画黑些，用白色口红涂一下双唇。

化自然妆法

化妆所用的粉底应与肤色接近或略深。眉毛不必修饰，或者平画，不要眉峰，但眉弯者可在眉毛下端加一层眉毛粉，遮住眉毛的弯度，使眉毛舒展平和。睫毛膏可用浓黑色，也可少涂些。最后淡淡地涂上亮光口红或浅色口红，即可体现出自然情趣。

化端庄妆法

化妆色彩最好以中间色为主。粉底应比肤色稍浅些，再用盖斑膏掩饰脸部的瑕疵。眉毛应突出眉峰，描出角度。尽量不用眼影或选用比眉毛稍浅的。不用睫毛膏，或只淡淡地刷一层。面部扁平者必须涂胭脂，应涂在颧骨下端、双颊凹入处，使颧骨显得高些。仔细描唇，使眉、颧、唇形成一个平衡的三角形。即可显得端庄文雅。

化照相妆法

拍摄黑白照片，忌涂脂抹粉，因为黑白照片上胭脂、口红会呈深灰和黑色，白粉会使人像脸色苍白，肌肤失去光泽。拍摄彩色照片，要略施脂粉，拍出的照片会容光焕发。化妆时，在脖子上也需抹些粉，以免出现白脸黄脖子的现象。

化东方妆法

由于东方女性肤色偏黄，打粉底时最好选用粉红色调的粉底霜；最适宜东方女性的蜜粉为淡紫色，因为它既可去“黄”，又可使皮肤更富有生气。腮红有修饰脸型的作用，可用一深一浅两种颜色，深色的擦在颧骨内侧靠近鼻子处，浅色的擦在从颧骨到太阳穴的部位。先画唇线，后涂口红，唇线的色调要比口红的深。涂口红时，上唇可以全部涂满，但下唇的中央部分则可以不涂或涂得薄一些。抹眼影时要注意内眼角用浅色，外眼角用深色；内眼角从下向上抹，外眼角从上向下抹。这样可以增加眼部的立体感。上下眼睑尽量靠近睫毛线处描以粗黑的眼线，外眼角略为上挑，勾成凤眼状，但要注意眼线不要把内眼角画满，否则看起来眼睛会变小。描眉时应用双色眉笔，先用棕色的描一遍，再用黑色的描。描完之后，要将眉毛擦匀，使颜色更加自然。注意，眉毛不要修画成细弯的柳眉，而是在柳眉的基础上略为加粗、描平，这样才能显得更有时代气息。

化古典妆法

上班、外出进行公务活动、贸易洽谈或参加严肃的会议等,宜采用古典式化妆法,可给人以文静、庄重的印象。古典式化妆的要点是:眉毛、颊骨和嘴唇的颜色要突出,三个部位必须协调好。用棕色眉笔,将眉描成古典的弓式,眉尖要长一些。颊骨用半透明的粉打底,凹陷处的粉要重一些。用不透明的口红涂匀上下唇。

化立体妆法

立体化妆,运用影色、亮色、口红、胭脂及各种颜色的化妆品,调整面部各部位的角度和距离,改善人们对原有五官的印象,使原有的形象更加完美。先用中间色(肤色)涂抹全脸,然后要在脸庞突起的地方(额、鼻梁、眉弓骨、颧骨、下颌尖)涂明色(即亮光、浅色),凹的地方(眼窝、鼻梁根两侧、颧骨下的脸颊)涂暗色(即影色、深色),深浅交界处要均匀过渡,从而突出脸庞的立体感。也可用平常色及比它暗一级的粉底两种颜色,平常色涂于全脸,暗一级的粉底涂抹在脸庞的侧面(从耳前鬓角到下颌一带)即可。立体化妆最好使用膏状化妆品。要达到皮肤质感自然才算美。所以,无论是有阴影效果的影色,还是使脸色红润的胭脂,都要避免使用粉末型的,因为局部化妆时还要使用相当多的粉末状化妆品。重复使用粉末状化妆品,不容易密切结合,颜色质感也不自然。

化生活妆法

"婚前一枝花,婚后黄脸婆",是说有些美丽的少女一旦结婚,就自以为"船到码头车到站",不再注意容貌仪表。其实,结婚后的美容化妆切不可懈怠。因为清淡的生活妆,能给人以友好、热情、开朗、健美的好印象。尤其是丈夫,会觉得妻子依然年轻美丽。因此,清淡的生活妆要持久以恒。

简易化妆法

如果你的工作很忙,或者因为有急事需要很快化妆,怎么办呢?可以采取简易化妆的技巧。清洁皮肤后,在面部涂敷适量的护肤乳液,均匀地施上与肤色相近的乳液型粉底霜。若皮肤的油脂较多,应用粉饼加以抑制。用咖啡色眼线笔代替膏状影色,涂在眼睑、鼻旁及颊部等需要产生凹陷效果的部位,并用手指涂匀。用黑色眼线笔画出清晰的眼线,并用睫毛夹卷好睫毛,涂上睫毛油。用黑色或咖啡色眼线笔画好眉毛。若眉形好仅眉毛淡者,可用咖啡色睫毛油淡染眉毛,效果会更好。

用咖啡色眼线笔勾好唇形，涂上唇色口红，再施光泽口红或唇油。以上整个化妆过程，如果技术比较熟练，最多5分钟就可以化好妆。

化生活淡妆的窍门

化生活淡妆画眼影法

眼影可使眉眼之间轮廓清晰，使眼神显得深邃迷人。涂好眼影还可修饰眼窝的大小和凸凹。对凸眼窝者，宜涂淡湖蓝或橄榄绿色，以使眼窝显得深一点；对凹眼窝者，宜涂紫红或胭脂红等色，以提高眼窝亮度，使眼窝显得突一点。

化生活淡妆画眼线法

完成眼影晕染后用眼线笔画眼线，可使双目更加妩媚有神。为避免手颤画出非圆滑的眼线，可将肘部靠放在桌面上稳定手臂，同时以持握眼线笔之手的小手指支在脸颊上，使手有稳定支点便可顺利描画了。另外，画下眼皮眼线时，手持小镜子位于眼睛上方，张开眼睛向上看；画上眼皮眼线时，手持小镜子位于下方，眼睛半张向下看，可画得更理想。

化生活淡妆画眉毛法

标准眉形为眉头位于眼角正上方，眉梢位于上唇中央与该侧眼尾连接的延长线上，眉峰位于距眉梢2/5眉长处。在化妆前，可结合自己的脸型和标准眉形修眉。画眉毛时，先用棕褐色眉笔淡淡地描出轮廓，然后用橄榄绿或黑色画好。另外眉头颜色要浅而柔和，眉毛中间稍浓些，眉峰和眉梢略浅，眉梢自然淡出。这样两条眉毛在刚劲活泼中将透出妩媚与温柔。

化生活淡妆涂睫毛膏法

睫毛膏可使睫毛加长、增黑、变弯，使眼睛更加明亮有神。为了防止发生睫毛膏粘住睫毛，涂刷睫毛膏时宜从内向外，顺着睫毛的生长方向呈“Z”字形轻轻操作，待睫毛膏干后用干净的笔刷疏松一下睫毛即可达到预期效果。

化生活淡妆画鼻线法

脸型正常者，鼻线从眉头下方开始画起，至鼻翼上方结束，且应浓淡适宜，与鼻线两侧皮肤的底色融在一起，起到突出鼻子轮廓的作用。注意不要让外人看出鼻线来，尤其对圆脸者而言，鼻线从眉头一直画到鼻翼，起到修长衬托的作用，更不应过浓过重。对长脸者而言，可适当缩短鼻线长度，使鼻线下弯，在颧骨平转处淡逝，视觉上鼻子显短了。

化生活淡妆选口红法

口红的选用要因人而异，不一定你喜欢的颜色就适合你。对于唇形美，又以嘴唇作为面部化妆重点的人，适合选用颜色漂亮、醒目的口红，如粉红色系列口红。对于嘴唇小的人，适合选用鲜红的颜色，这样可以使唇形略显大些。对于厚唇的人来说，适合选用浅淡色的口红，这样与脸部皮肤的颜色接近，可使嘴唇显小些。赭红色系列口红类似咖啡色，抹上后显得端庄优雅，富有古典美，适合中老年女性。年轻的女孩可选既有红色的热情奔放又有黄色的明亮柔美的橘红色系列口红。

体现个性与气质的化妆窍门

使你文雅秀气美法

首先要减肥，身段苗条，自然显得秀气。要使皮肤洁白，防止日晒，使用有增白作用的化妆品。化妆品的色调要一致，如胭脂、口红、指甲油的颜色要一致，配合得当。选用冷色，冷色具有理智、冷静的感情色彩（包括眼影、面颊以至衣服的颜色）。这样，文雅、秀气的气质就体现出来了。

使你富有理智美法

首先，颜色要适中。可使用中间色，耐人寻味，变化微妙，可用于整个面部，而无飘浮轻薄的感觉。其次，线条要简练。眉毛、眼线、颊骨、唇线等所有线条，都要干净利落、简练，弧度适中，不任意加粗，不大幅度地晕染。再次，显露天庭。如果额头较宽，不要用刘海盖住，发际要整洁，无多余的毛发，利利索索。如果前额较窄，可去掉多余的毛发，或涂发白的粉底霜，使之加宽。

使你艳丽妩媚美法

一要用飘逸的线条。可在眼线和嘴唇轮廓上下工夫，因为眼睛和嘴唇的线条流畅、飘逸，就会有一种特殊的韵味。二要使嘴唇显厚。厚厚实实的嘴唇，本身就很有魅力，再加以强调，使嘴角上翘，唇山曲线浑圆，就更加艳丽。三要用色鲜明清晰。比如，嘴唇鲜红、皮肤洁白、睫毛乌黑，穿着也配上玫瑰紫或者鲜红的、鲜艳的颜色，效果更好。

使你天真活泼美法

要尽量使脸显得圆。圆圆的脸蛋是招人喜欢的主要因素，眼睛、嘴唇也都要显得圆乎乎的，而且颜色柔和。肤色白里透红，鲜嫩柔和，因此化妆的颜色应以暖色调为主，衣着也应选择柔和的颜色。肤色白嫩，要注意防晒，并涂敷增白粉底霜，再扑上淡淡的白粉，搽些淡粉色的胭脂，使脸部变得水灵娇美。嘴角要描翘上去。嘴角下撇显得不随和，应将嘴角描高，嘴唇看上去就含有笑意。唇山也应画成圆润的曲线。这样化出来的妆，就显得天真活泼了。另外，化妆时还应考虑本人的基本条件，成妆一定要自然、清新，否则就无天真活泼可言了。

使你具有古典美法

要避免日晒，保持皮肤细腻洁白。要使头发乌黑，这是强调古典美的重要因素。要防止头发干燥、分叉，发型的选择也要表现头发光泽的发型，如直发、短发、发辫等。要使眉毛曲线平稳。眉毛要呈平稳、流利的线条，不加眉山，颜色以黑色或灰色为宜。

使你粗犷泼辣美法

晒黑皮肤、棕黑色皮肤会产生一种强烈的野性魅力。要耐心地适当地将皮肤晒黑，或者使用防日晒粉底霜，这是显得粗犷的起码条件。用黑色眼线笔、黑色睫毛油把眼睛描成黑色，使目光坚定。眉毛要描黑，手法大方，粗粗的稍稍散乱的粗线条的眉毛，比经过精心修饰的眉毛显得粗犷。唇要描大，要充分利用嘴唇，用淡褐色或浅灰色，将其打扮得光泽红润。嘴唇大而丰满，显得生气勃勃，精力充沛。

化妆协调美的窍门

化妆与服饰协调法

要根据服装的整体意象来正确选择化妆的色彩。时装、口红的颜色用同系列色可产生优美、典雅感,用相反色可产生轻快、活泼感。比较严肃的成套服装,可选用给人以轻快感的口红;穿印花图案的服装,口红的颜色应接近印花中的主要色彩。

口红与胭脂协调法

口红和胭脂的颜色不一定要完全相同,但必须是同一色调系列,否则会使人感到不和谐。

眉笔与肤色协调法

选用眉笔的颜色一定要和自己的肤色、发色相配合,以达到美容的目的。褐色眉笔宜用于皮肤白皙的人,显得干净而有立体感。黑色眉笔宜用于皮肤较黑或黑褐色皮肤的人,显得很有精神。大眼型的,可以在眼皮下涂一层眼圈。小眼型的,在上眼皮边缘用眉笔画一条深浓的眼圈,然后再用眉笔在眼皮上涂一层浅淡的阴影,可使眼眸显得大而有神。

胭脂肤色协调法

选用胭脂要与脸部的肤色协调,脸色较白者宜选用粉红或洋红色的胭脂,脸色较黑者宜选用棕红色的胭脂。

眉笔代替胭脂法

一时没有胭脂,可用浅咖啡或深咖啡色的眉笔在颧骨上画几道细线,再由内向外抹匀。

眉笔代替眼影膏法

在需画眼影处,用眉笔平行地画几条线,再慢慢抹匀,可产生眼影膏的效果。

眉笔修饰短脸型法

下巴过长的人可以用眉笔在下巴中部轻轻画上几道线,然后抹去,再扑上粉,就会使脸型显短。

除化妆品污迹法

上衣衣襟上沾染了化妆品污垢,只要用蘸有挥发油的布来拍击,就可清除。残留的污垢可再用刷子蘸些洗洁剂轻刷,然后用清水冲洗干净。

纠正美容手误法

如果眼影太浓,可用粉扑蘸化妆粉揉擦,将色浓处揩淡。如果眼线画歪,可用棉棒蘸净面霜抹去。如果涂口红越出嘴唇轮廓时,可用棉棒拭去。

处理化妆出汗法

先在额、鼻至颏下易流汗的部位扑打些爽肤水,使毛孔收缩。粉底要打得既薄又匀,便于透气。化妆时略出汗,可用软纸巾轻按吸除。

根据季节美容化妆的窍门

春季美容化妆法

春季,化妆宜清淡而富有浪漫色彩,粉红和桃红是最为可爱的。要使化妆具有锦上添花的自然效果,要避免单一地局部使用过强的色彩。比如说,眼睛和两颊用淡妆,而唇部鲜红;或者,双颊和唇部色调暗淡,而眼部使用出人意料的绿色等。同时,化妆品的质地也应稀薄一些,对于油性皮肤最好用粉基化妆品来吸取油脂,防止油脂外溢,不要再使用冬季用的油性膏霜。干性皮肤的女性可以仍擦用油性化妆品,在化妆前可使用一点润肤霜。

夏季美容化妆法

清爽的淡妆是夏季化妆的主流,这不仅因淡妆看起来美观自然,更主要的是从美容护肤的角度来看,淡妆在夏季对皮肤的影响远远小于浓妆艳抹。人体表面皮肤有许多汗孔，在周围环境较热的情况下，皮肤汗孔通过分泌排泄大量的汗珠可降低人体的温度，使之保持在 37 ℃左右。人的鼻尖、额头等处有许多汗孔，如果夏季被化妆品堵住，就会影响皮肤的各种功能，不能正常调节体温和排泄废物，久而久之，可增加肾脏的负担，还可引发各种皮肤病。不仅如此，通过强烈的紫外线的催化作用，化妆品自身发生化学反应的速度加快，也可对脸部皮肤产生不利影响。

夏季，特别是在潮湿的天气里，状态良好的肌肤完全可以不用粉底，然而，作为美容程序上的一个步骤是必须完成的。建议使用较稀薄的粉底，使用水基粉底，或者使用前在通常用的粉底内混入一点清洁蜜或收剑剂。为保护皮肤，夏季使用化妆粉底时，要使用内含防晒剂的。对于那些不用遮蔽物的女性，最好在出门前涂抹含有防晒剂的润肤霜，并且在眼睛周围、颊骨、嘴唇上涂好防晒霜。如果需要的话，可以用化妆品再在上面打一层肤色做伪装，但颜色不要太深。

由于夏季天气炎热，化妆方法也有所讲究。(1) 将面部清洗干净，但不要将面部擦得太干，然后涂上润肤霜。如果你属于油性皮肤，就可省掉这个步骤。抹上润肤霜有两个好处：一是保护皮肤免受化妆品直接损害；二是使皮肤表面更润滑，以方便涂粉底。(2) 抹上粉底。快速抹粉底时，不必整个脸部都涂，只要涂在需要修饰的地方即可。涂时将粉底轻拍轻抹在粉扑上，切勿用手指作工具，因为手指无法均匀地抹上粉底，很容易留下涂着与没涂着之间的明显界线。只要用一块小海绵就能涂匀粉底。(3) 用一把粉刷将脂粉扫匀整个脸(白皙皮肤用粉红色，蜜黄皮肤用桃红色，皮肤黝黑者用玫瑰红色)，注意在颧骨上多刷几下，眉骨部分也要刷上脂粉。(4) 用一把中性粉刷，蘸上灰褐色的阴影膏，在脸上作强调轮廓的勾画。白天，可以略在眼部化妆；晚上，用淡棕色的眼影笔勾出眼盖，再轻轻地涂匀，在双颊、太阳穴和下巴上打上淡红色的胭脂，以模仿阳光照晒后的效果。(5) 用唇笔涂上浅色的口红，再画上眼线。如有需要，可蘸上睫毛液，这样便完成一个简单自然而又适合任何颜色衣服的化妆了。

夏季和秋季是多雨的季节，化妆品的选择当以防水系列为首选，使你在雨中依然明艳靓丽。在色调的选择上也须注意，以亮色调为主，如亮红、大红的口红，鲜亮的色彩在雨季里给人一种明亮惊艳的感觉。雨季一是化妆颜色要明亮。口红应选亮红、玫瑰红等色彩；眼影要贴近肤色，以粉红、棕灰为主；画眼线须注意纤细明晰，增加眼睛的神采。二是粉底选择。因使用难卸妆的防水系列化妆品，故更要注意粉底颜色尽量接近肤色，且粉底不能厚，以免给人造作感。三是雨季化妆需简洁，如水墨画，以衬托明眸、樱唇，使娇艳欲滴的唇和水灵如潭的眸凸现出来，在雨幕灰色的大背景下给人亮丽的视觉冲击。

夏天的化妆要给人一种凉爽的感觉，有三点值得注意：一是要穿轻柔贴身的衣服，这种衣服不会因汗水而湿皱，不会破坏肌肤的整体美。二是要涂上具有遮阳效果的化妆品，然后用绞干后的海绵仔细擦脸。三是要认真修眉和仔细修脸，因为脸上长着的汗毛，或眉毛不整齐，都会给人一种闷热的感觉。

秋季美容化妆法

秋季，化妆的色彩要更为自然些，例如，梅红色、黄褐色、绿色和灰色的眼影，红褐色的口红。

白天，可以轻轻地用一层透明质的粉末定一下妆，这样看上去光洁、柔滑些。如果你想表现得容光焕发，在晚上不妨也用这种粉质，在两颊上要用得少些。

使用润肤霜在秋季很关键。因为天气较为寒冷，而室内空气干燥。干性皮肤的女性应该使用油性的润肤霜和含有润肤剂的粉底。如果是油性皮肤，最好在使用适合于油性皮肤的粉底前，先用润肤蜜滋润皮肤。

秋季的化妆方法也有讲究：(1) 眉以自然立体为主。用眉笔画过以后，可用眉刷再刷一下，使眉线自然美丽。(2) 上腮红时，应以颧骨最高处为中心，不限形状地涂匀，可使脸色看起来红润。(3) 刷眼影时，要先学会使用棉花球的技巧。(4) 刷睫毛时，应从下往上刷。(5) 为了让肌肤感觉透明，粉底的选择和涂抹十分重要。应先将液状粉底抹在手掌心上，然后再抹在脸上，这样脸色看起来自然清新，具有透明感。(6) 口红的颜色要与肌肤、服装相配。

冬季美容化妆法

冬季的化妆延续了秋季的美容趋势，但化妆品的配方应该使皮肤更有滋润性，因为冬季的室内外最为寒冷而干燥。甚至油性的粉底和胭脂对于油性皮肤也可安全使用。梅红、玫瑰红和铁锈红的胭脂和口红在这种季节特别动人。油性和滋润的口红对于干燥、开裂的嘴唇也更加有保护作用。

无论什么季节，健康的肌肤是姣美容貌的基础，化妆品的色彩和运用仅是锦上添花而已。

化妆使用粉底的窍门

选择化妆粉底法

颜料型粉底含颜料较多，油、水成分相对较少，涂后有柔和致密感，宜于油性皮肤和需要快速上妆的人使用。油分型粉底含油成分较多，掩盖力和耐湿力较强，上妆状态好，对需要掩盖脸部缺点的人最适宜，也适合浓艳型化妆。水分型粉底中水分较多，使皮肤有细腻明亮感，适于干性皮肤及喜欢自然妆的人使用，但其掩盖力较弱。夏用粉底适宜于夏季面部多汗多油的人使用。

使粉底紧贴肌肤法

紧贴肌肤的粉底可使出色的彩妆更完美，方法很简单，你只要先把微湿的化妆海绵放入冰箱里，几分钟后，把冰凉的海绵拍在抹好粉底的肌肤上，你就会觉得肌肤格外清爽，彩妆也显得特别清新。

使粉底不浮粉法

有些人化的妆，粉底浮在脸上，过一段时间就开始脱落，一块一块的很难看。其实在用粉底霜或粉底液时，采取海绵垂直轻按的方法，让粉底与皮肤更结合，粉底就会保持得比较持久。如果用两用粉底上妆，将海绵拧成八成干，按一般步骤上粉底，接着用干海绵再上一次粉底。第二次的粉底可代替蜜粉，不必另外再上一层蜜粉，这样可确保不易浮粉。

用粉底让人光鲜法

对于早晨赶时间的上班族来说，快速便捷是化妆最重要的。而且白天上班妆也不宜太过浓艳厚重，所以多效合一的粉底是最好的选择。这类粉底的主要功能不在于遮瑕，而是让肤色均匀有光泽，粉底质地较薄容易推匀，并含有防晒及滋润成分，由于妆效清新自然，也适合休闲、户外活动使用。只要在清洁、调理（化妆水）及滋润（乳液、日霜）后，将粉底轻点在额、鼻、下巴、双颊并将之推匀，之后薄薄地刷上一层蜜粉即可，再刷眉、涂口红，几分钟之内便可光鲜地出门了。

用粉底滋养肌肤法

很多女性对于化妆仍怀着谨慎心理，担心化妆品会对肌肤造成伤害。然而，在不断地改进中，许多化妆品已具有滋润、保护的功效。在最新粉底中，以胶原质裹住色素形成隔离保护；以尿酸衍生物提高保湿力；添加维生素 E 防止老化，维生素 A 加强肌肤自然防御系统等，无不为你的美丽而努力。

针对场合用粉底法

白天上班或是休闲外出时，妆效要求清新自然，那么你可以选择液状粉底。如果是晚宴妆或是摄影时，则宜改用霜状、膏状粉底，它们具有较好的覆盖效果，可掩饰瑕疵。至于搽粉底时要不要使用海绵，则依个人习惯及粉底的质感而定，若是乳霜状粉底借助海绵推开会较为方便，用手由于有实际感触也可使粉底上得很均匀，但一定要注意双手清洁，才不会因细菌感染造成皮肤过敏。

用粉底塑造五官法

五官的立体感可以通过粉底及蜜粉的使用来塑造。准备深浅两色的蜜粉(但两种颜色的色差不能太大)，除了应因肤色及场合、妆效的不同来改变外，还可用来修容。先用较深色的粉刷在双颊、鼻侧及下颚处再回刷至眼窝，再用浅色蜜粉来打亮额头与鼻梁，五官的立体感就明显增强。目前已有双色或四色合一的蜜粉，在自然化的化妆风潮下，更可以动用颜色深浅的变化让化妆看不见，五官更体面。

涂口红的窍门

根据年龄大小选用口红法

红色富有生气，茶红沉稳高雅，棕红清丽洒脱，粉红活泼可爱，桃红鲜嫩娇艳，玫瑰红端庄华丽，珍珠系各色以鲜亮的珠光效果别具情调，光泽口红则可增加各色口红的透明感和光亮感。口红的用色与眼影色关系密切，通常搭配是蓝色眼影加粉红色口红，棕色眼影加橙红色口红，紫色眼影加玫瑰色口红。

少女的口红宜选用较浅的颜色，如粉色、浅玫瑰色等柔和而近于自然唇色的口红，如果颜色太红艳，则会失去天真、自然的纯情美。另外，透明的亮口红及滋润口红对于少女来说也是必不可少的。亮口红可以涂在口红之上，也可单独使用。使用亮口红可使嘴唇滋润而富有光泽，给人以健康、纯真的美感。对于中老年人来说，选择口红应格外慎重，一般以中性红色和暗红色为宜，因为这种颜色可使中老年人显得年轻，同时又不失典雅与端庄。

年轻而皮肤较白嫩的人，口红色彩可略鲜艳些，如淡红和变色口红及桃红色；中年女性，应选用深红、土红等庄重色彩。文静腼腆的姑娘或年龄稍大的女性可选用深色的，以示稳重；活泼的姑娘可选用近于鲜红的口红。淡妆宜选用浅色的；浓妆则选用鲜艳的。着婚纱可选用鲜红口红，以衬出喜色；穿西服可选用深色口红，以表庄重；穿花裙、旗袍时，可用浅色口红，以显得优雅。

根据肤色选用口红法

口红颜色要与肤色相配，着色要适当，一定要注意色彩效果——最终要达到自然美容的目的。口红是女性主要美容品之一，并兼有润唇和营养作用。

肤色白皙的人，适合任何颜色的口红，但以明亮度较高的品种为佳。肤色较黑的人适合赭红、暗红等亮度低的色系。如果对较黑的肤色比较满意，想突出健康的颜色，不妨选用明亮的粉色、红色及较浅的颜色与黑肤色形成对比，给人以健康、活泼、跳动的感觉。粉红色给人以年轻、温馨、柔美的感觉，若用粉红色口红，搭配一套相同色调的服饰，会使你的仪容绽放出春天般的色彩。红色给人以鲜艳而醒目的感觉，所以你若涂上鲜红的口红，整个人会变得神采飞扬、热情奔放。赭红色系是一种接近咖啡色的颜色，抹上这种色系的口红，会显得端庄、典雅，颇具古典韵味。橘色有红色的热情与黄色的明亮，涂上橘色口红，会给人以热情、活跃的感觉，非常适合年轻活泼的姑娘使用。

黄色皮肤肤色偏暖，使用棕色、橘色、酒红等暖色调的口红，会使肤色及唇色产生一种协调的美感。肤色灰暗，带有病态者，可用浅色及近于口唇本色的自然红色，不宜使用带有银粉及颜色鲜艳的口红，否则在鲜艳颜色的对比之下，会使原本灰暗的肤色更加没有光彩。口红与肤色巧搭配的要诀，是用手指在耳垂处略加摩擦，耳垂呈现红色时，再把口红的颜色与耳垂颜色对照，与耳垂的红色相同或相近的就是比较适合自己肤色的。

根据唇及牙齿选择口红法

有些人唇色青紫，给人以病态的感觉，要通过口红来弥补唇色的不足，可选用棕红系列或深色的玫瑰红。在涂口红之前可先用粉底稍作遮盖，然后再涂口红，口红可带有银粉或使用亮口红，使嘴唇带有健康、光亮、滋润的色彩。牙齿的颜色对于口红的选择也非常重要，牙齿发黄者切忌用橘红色、铁锈色等带有黄色的口红，可选用深红、暗紫红、深褐色的口红，并将嘴唇颜色画得分明，轮廓线清楚，牙齿就会因眼睛的错觉而变白了。

朱唇画得恰到好处，会令你更美更富于魅力。每个人的嘴唇形状不一样，要根据嘴唇的形状涂口红。口红的颜色应根据化妆的浓淡来决定。化淡妆，颜色应暗，最好是接近嘴唇自然的淡红色；化浓妆时，口唇颜色要鲜艳、醒目。口红的颜色越淡，嘴唇越易显得厚。因此，薄嘴唇要涂得厚一些、圆一点，应把口红沿唇外线涂满。厚嘴唇宜涂得淡一些、少一点，应往唇外线的里边涂。嘴的棱角太深的人，忌把口红涂满，以免加重棱角深度。下嘴唇太长的人，可以打有色的化妆底子。涂下嘴唇的口红颜色比涂上嘴唇的颜色应稍微深些。嘴角不要涂平，更不要下落，否则不但使人觉得沮丧，而且会显得苍老。嘴角应略微向上涂，可以给人以愉快的形象。

根据季节变化选择口红法

在寒冷的冬季，嘴唇又干又易裂，即使涂上了口红，效果也不好。如果能在涂抹口红之前，先用一小块棉花浸透热水，含在双唇之间，几秒后，涂上一层护唇霜，再抹上口红，既可令双唇鲜艳娇嫩，又可避免唇裂及过重的唇纹。口红的颜色应随季节的变化而做适当的调整。粉红、桃红、柔和的褐色最适于春天；夏季用粉色、浅玫瑰色、柔和的红色和飘逸的裙装相配更加清丽动人；橘红、铁锈色等偏黄色系的口红在金色的秋季使用，会使人与自然形成一种协调而统一的美；而冬季则以使用朱红、大红等柔和而偏于暖色调的口红最为适宜。

根据服装颜色选择口红法

服装的颜色有单纯色、组合色、冷色、暖色、深色、浅色之分，口红的颜色应根据服装的色彩而变化。对于单纯色服装来说可用协调色口红，如红色服装配大红色口红，切勿涂上粉红色；橙色服装配橘红色口红；粉色服装配粉色口红；如果穿绿色衣服，可涂橙色或棕红色口红；穿淡蓝、深蓝及蓝色衣服，适合鲜红色、粉红色口红，但要避免抹上橙色；穿橙色衣服，口红至少得稍含橙色色调，即使淡淡的金黄色及珊瑚色也适合，而红色及粉红色口红则要避免；穿棕色衣服，适合涂红色、粉红色、珊瑚色或橙色等。

也可使用点缀色，如黑色服装配朱红色口红会娇艳迷人，配橘红色口红则清新跳跃，配玫瑰色口红神秘而妩媚。对于组合色服装，口红应与服装的主色调相协调，上衣与下装的颜色不一致时，口红的颜色应该与接近面部的上衣颜色协调。

冷色服装（如蓝色、紫色等）应该用桃红、粉红、玫瑰红等冷色口红。

暖色服装（红色、棕色等）可用朱红、棕红、橘红等暗色口红。

深色服装选深色口红，浅色服装用浅色口红，这种配色方法可使服装与口红的颜色自然协调，浑然一体。

涂口红的小技法

唇的化妆，对整个面部可以起到特别显著的作用。根据嘴唇化妆的情况会使人感到有聪明、粗野等不同的感觉。

口红的颜色避免太深。上、下唇线条画得活泼轻松，颜色稍淡，唇色桃红要比橙红色略强，上唇的山形要自然，轮廓色深、中部色调淡薄，使其形成幼童式的松软丰满形状。

在涂口红之前，要检查嘴唇上有无伤处，如唇皮脱落、裂缝等，有则必须先做处理，如在嘴唇上涂抹油性化妆品等，若伤情严重就不能涂抹口红。只有健康的嘴唇，才能化妆出美丽鲜艳的嘴唇。通常口红颜色有粉红、鲜明大红、暗大红、紫红等。为了适合皮肤颜色，可用手指在耳垂处略加摩擦，待呈现出红色时，再对照着选择以上几种颜色中的一种。这样选择出来的口红颜色是较为适合的。

嘴唇和面部的其他部分一样，事先打好底，妆才会持久。应该先点上护唇口红，顺便按一点粉饼，润一下唇，再涂口红，这样唇色也会显得饱满而富有光泽。

要使涂的口红持久，还有个秘诀：涂抹后，抿一抿嘴；或者，唇部按一张化妆纸，再用粉扑或棉花棒蘸些透明粉底，轻压几回，让粉底浸透，以固定口红。

为了使口红涂得更方便、容易，或补救涂抹不佳的效果，不妨试试以下几个要诀：①如果认为已涂上的口红过于殷红而又无暇重画，可将另一种不同颜色的口红涂上去，加以调色，便会奏效。②口红涂出了唇外，不要用纸巾抹去，否则情况更糟，可用棉花棒轻轻地抹去多余的部分。③化妆时如果怕口红涂出唇外，可先用唇笔画好轮廓，再涂以口红，唇影不易涂出，要补妆也容易。

施用胭脂的窍门

使用胭脂法

有些人的皮肤非常干燥，涂上胭脂后，不久就会消失。可先薄薄地涂上一层凡士林，然后再涂胭脂，让凡士林把胭脂粘住，胭脂的效果就会明显延长。

涂胭脂一定要与本人年龄、脸型、气质、性格相吻合。长脸型的人腮红要横着打；圆脸和方脸型的人腮红要竖着打；高颧骨的人不宜把腮红抹在颧骨上，应抹在鬓角处。

胭脂的涂抹必须均匀，从深色渐渐地淡下来，不能显出涂抹胭脂的界限。小眼睛的人，胭脂要淡抹，抹浓了会使眼睛显得更小。下眼皮松皱的人，淡淡地擦一点胭脂可以掩盖皱纹。年轻女性宜用珊瑚色、淡色透明胭脂。面颊饱满的人，宜用深橘红色胭脂。面色偏黄的人，宜用玫瑰色胭脂。面色白皙的人，宜用含二氧化钛的淡色胭脂。

用胭脂美化面颊法

颊部化妆，主要是通过涂抹胭指以弥补肤色的不足。脸颊的位置，是在笑的时候脸上高起来的地方，肤色好的女性那里本来就有自然的血色，由于涂了粉底霜看不到了，需要把它再现出来。

要根据皮肤性质使用胭脂。一般来说，干性皮肤宜用油膏状胭脂，油性皮肤宜用干胭脂粉，中性皮肤可以两者兼用。粉质胭脂对初学化妆者最易掌握。

要根据肤色、个性、场合使用胭脂，这是就胭脂的颜色来说的。胭脂颜色种类很多，有琥珀色、粉红色、淡紫色、棕色与大红色等等。肤色较白的宜用粉红色或玫瑰色，肤色较深的宜用淡紫色或棕色。颜色给人以不同的感觉，比如，粉红色给人以温柔体贴、甜蜜亲切的感觉，宜于婚礼化妆；大红色具有生气勃勃、热情奔放的气息，宜于参加盛大宴会化妆。在涂胭脂前，要用胭脂蘸上所选用的胭脂粉，先在手背或前臂内侧试涂，感到颜色满意后，再用胭脂刷轻轻抹胭脂，要由上往下抹，不要由下而上，以免损害皮肤。

要掌握好涂抹胭脂的部位。一般上至鬓角，下至耳垂，右起眼下，左至耳根，或左起眼，右至耳根。具体来说，要根据每个人的脸型而定。

面颊化妆不只是涂胭脂，还可以运用影色和亮色，这样面部就有立体感，有起伏和变化，这是化妆的高层次要求。

面颊匀称者施用胭脂法

面颊匀称的人，从面颊中央向鬓角及颧骨周围晕染，或从笑时面颊变高的位置起，向外侧抹胭脂。

面颊清瘦者施用胭脂法

面颊清瘦的人，清秀文雅，但从正面看平板而缺乏变化，显得老而软弱，从侧面看显得单薄而枯瘦。胭脂宜抹在眼睑正下方的面颊上，从中央向四周横向抹。下颊加影色，为避免单薄的面颊，可在面颊中央加亮色，外侧抹胭脂。

面颊突出者施用胭脂法

面颊突出的人，从正面看上去颧骨高，从侧面看显得突出。可沿颧骨下侧加影色，沿颧骨上侧加亮色，当中涂胭脂，在突出的面颊上涂发暗的胭脂，使面颊显低，下眼睑凹陷处加亮色。

面颊敦厚者施用胭脂法

面颊敦厚的人，显得可爱，生气勃勃，有孩子气。要想使自己变得清秀，可在面颊外侧加纵长阴影，从下眼睑到鬓角加亮色，从面颊当中起，在外侧加纵长状胭脂，在丰满的位置上用暗色的胭脂，从下眼睑到面颊中央加亮色。

面颊缺乏变化者施用胭脂法

面颊缺乏变化的人，显得恬静典雅，但缺乏活泼、朝气，面颊平板。胭脂宜在眼睑正下方的面颊上，从中央向四周横向抹，下颊加影色。若脸颊较宽，涂胭脂时，从颧骨附近起笔，斜向外上方轻抹；脸颊较窄，从耳前起笔，水平地向颧骨附近横涂。

卸妆的窍门

许多人对化妆很重视，但对卸妆却不那么重视了。实际上，卸妆也是很有讲究的。生物学家发现，晚间10时到凌晨4时，是表皮细胞分裂最旺盛的阶段。因此，这段时间需要卸妆，洗去化妆品，让皮肤得到充分的休息，以防衰老。

卸妆时，如果贴有假睫毛，应先将其取下。可用手指按住外眼角皮肤，由内向外轻轻揭下。如果假睫毛粘得比较牢，可先用酒精棉球拭掉粘胶再揭。

用棉花浸蘸卸妆油，擦掉眼眉周围的化妆品和眼睫毛上残存的油。

用软纸擦去口红，然后涂上优质橄榄油，并轻轻按摩。橄榄油是很好的卸妆油，可彻底清洁皮肤，以防化妆品残留在毛细孔内，造成阻塞。如果没有卸妆油，可用牛奶代替。

将油质雪花膏涂抹在额、颊、鼻和下巴，由内向外反复揉搓，使雪花膏与化妆品充分融合在一起。

用软纸将面部彻底擦干净，然后用洁肤品彻底清洁脸部。

用棉花浸柔软性化妆水擦脸，然后搽雪花膏，并按摩3～5分钟。按摩后擦掉雪花膏，再搽乳液，注意别漏掉耳后和颈部。

采用面膜美容法时，揭掉面膜后要搽收敛性化妆水。

卸妆可用乳化卸妆油或高级护肤香皂，以清洁面部，保护皮肤。用卸妆油时，可先把卸妆油放在手掌上，轻揉面部皮肤，使化妆油彩与卸妆油混合，再用纸巾擦掉，然后用温水冲洗面部和颈部。若用护肤香皂卸妆，与平常洗脸一样，只是不要用毛巾用力擦脸，把香皂涂在手上轻轻擦脸，再用温水冲洗。去掉口红时，不要用纸直接擦，可用专门除去口红的乳霜，或普通冷霜，只要涂少许在嘴唇上，然后轻轻擦掉。

卸妆后，要用营养护肤霜涂抹面部皮肤，加强面部表皮细胞的活力，以保护皮肤。

永葆青春篇

使皮肤柔嫩的窍门

膳食使皮肤柔嫩法

青春少女的皮肤何以娇嫩？其原因在于皮肤中有含量较高的透明质酸酶。在这种酶的作用下，皮肤可保留更多的水分和微量元素等各种营养物质，从而促进皮肤表皮的新陈代谢。而皮肤新陈代谢的快慢和含水量的多寡，决定了皮肤的光泽润滑或干燥粗糙。因此，透明质酸酶是保证皮肤娇嫩光滑的关键因素。透明质酸酶的生成同人体内的胆固醇含量有关。而肥肉可提供一般植物所缺乏的胆固醇。所以，动物脂肪对皮肤保健作用是植物油所不能代替的。根据专家研究，每天吃 50 克左右肥肉，非但不会肥胖，而且还会使皮肤永葆光泽。

补充每天所需的维生素 C，由于维生素 C 与制造骨胶原有密切联系，它能够修补皮肤内部破裂的毛细血管，使皮下血管血液循环畅通。应多食含维生素的新鲜蔬菜、水果，因人体缺乏维生素，会使皮肤变得干燥、粗糙，起鳞屑，生斑疹。每天吃些富含维生素 A 的食物，如胡萝卜、动物肝脏、蛋类、鱼肝油等都含有大量的维生素 A，长期坚持可以改善皮肤状况，使皮肤水嫩光滑。

苦瓜含有丰富的维生素 C，经常吃苦瓜能增强皮层活力，使皮肤变得健美细嫩。从苦瓜中提炼出一种叫奎宁精的物质，含有生理活性蛋白，有利于人体的皮质更新和伤口愈合。

核桃是一种美容剂，它能使肌肉、皮肤光滑、润泽。因核桃里含有相当的亚油酸，而亚油酸就是理想的肌肤美容剂。人体内如果缺乏亚油酸，皮肤会干燥，皮肤的鳞屑就会多而增厚。所以多吃核桃可美容。不过核桃属于温性。中医说它能劫阴动血，所以阴虚、烦躁、身体易出血的人则不能多吃。

中性皮肤的人，要用温水洗脸。太凉的水容易使皮肤干燥，太热的水容易使皮肤变得松弛。应适量吃些奶类食品，因为适当补充脂肪有利于皮肤光滑而富有弹性。多吃新鲜果菜，多饮水，亦可使皮肤柔软细嫩。

每天取1汤匙枸杞放在保温杯中，用开水冲泡，20分钟后当茶喝，并吃掉枸杞，长期坚持，有利于肌肤柔嫩，容光焕发。

揉擦使皮肤柔嫩法

丝瓜作为一种不可多得的天然美容剂，长期食用或用丝瓜液擦脸，能使皮肤变得光滑细腻，具有抗皱消炎，预防、消除痤疮及黑色素沉着的特殊功效。

在洗脸水中加1汤匙醋，擦洗脸部、颈部，然后用清水反复冲洗，可以收到美容的功效。

每天早上用30%浓度的盐水擦脸部，然后用大米汤或淘米水洗脸，再用珍珠雪花膏混合擦面，半个月后，皮肤可由粗糙变白嫩。

按摩使皮肤柔嫩法

干性皮肤的人，坚持每天对面部进行按摩，顺序为前额、上下眼眶、面颊、鼻、口唇、下颌，按摩的时间每次10分钟，早晚各一次。面部按摩可促进局部微循环，使肌肤柔嫩。

按摩可用按摩霜，如常用的磨砂膏就是一种含天然有机颗粒的按摩霜，它能磨去坏死及角化的死细胞层，促进皮肤的新陈代谢，令肌肤白嫩生辉。

洗脸后，坚持按摩面部，特别是前额及眼角，可使皮肤保持柔嫩，延缓皮肤衰老。

涂敷使皮肤柔嫩法

将大个土豆蒸熟去皮（也可用生土豆去皮），磨碎加鲜奶和鲜蛋黄，仔细搅匀后，稍微加热再搅成糊状，涂敷于洗净的脸上，能使干燥的皮肤变得柔嫩光滑。

将6只梨子煮透，凉后压烂，加1汤匙杏仁油，搅匀后敷在面部，能使油性皮肤变得细嫩，且可兼治粉刺。

用半只柠檬、1茶匙蜜糖,加面粉混合成糊状,用来做面膜敷面,可清除脸上的污垢及死去的细胞,能使粗糙的皮肤变得细嫩光滑。

用1大汤匙面粉,再用1小汤匙蜂蜜和1小汤匙酸牛乳,混合在一起调成均匀的膏状物,然后抹在脸上和脖子上,并轻柔地按摩,让这些膏状物慢慢干透,接着用温湿的毛巾,以向上打圈的方式轻轻擦掉,直到擦净为止。常涂这种敷面剂,可使皮肤清洁细嫩。

干性皮肤的人,可取1个鸡蛋黄、2汤匙面粉、3滴橄榄油和1茶匙蜂蜜,调成浓浆,敷于脸部,能使皮肤细嫩。

干性皮肤的人,可将香蕉或桃子捣碎,加橄榄油敷面,可使干性皮肤细嫩光泽。

用少许珍珠粉均匀地抹在已化妆的脸上,10分钟后,用化妆刷将脸上的珍珠粉刷去,可使脸部化妆保持持久,而且使肌肤白嫩,富有质感。

将5份醋与1份甘油混合,涂抹或敷于脸部,长期坚持可使粗糙的皮肤变得细嫩。将鲜牛奶或奶粉调成的奶涂在脸上,15分钟后洗去,可以保持皮肤光滑柔嫩。

面膜使皮肤柔嫩法

将2个新鲜的胡萝卜磨碎,加上藕粉及鲜蛋黄一起搅匀,洗脸后涂在面部20分钟,先用温水、再用清水洗净。此面膜含大量维生素A和C,能使粗糙皮肤细嫩、去皱。

沐浴使皮肤柔嫩法

茶叶的主要成分有咖啡因、茶碱、鞣酸、可可豆等。茶浴具有护肤功效,特别是皮肤干燥的人,经过几次茶浴浸洗之后,皮肤会变得光滑细嫩。将200克乌龙茶煎泡沐浴,对皮肤有滋养作用,皮肤干裂粗糙的人泡几次茶浴后,皮肤会变得光滑细嫩。

好情绪使皮肤柔嫩法

笑口常开,保持良好的心态,因愉快乐观的情绪会使人脏腑功能正常,面色红嫩,青春永驻。多到户外运动,使皮肤得到充足阳光的照射,不仅能够杀菌,而且晒太阳体内会产生维生素D。户外活动能够加速血液循环,增强人体的新陈代谢功能,使皮肤得到充足的营养。

使皮肤细腻的窍门

膳食使皮肤细腻法

多食含维生素 A 的食品，能使皮肤更加细腻柔软，减少或消除皱纹。含维生素 A 的食品很多，如动物的肝、蛋黄、黄油、甘薯、栗子以及新鲜油菜中，含量都不少。

将薏米仁 250 克浸在 500 克食醋中，密封保存在玻璃瓶内，浸泡 10 天后，即可每天饮 1 汤匙，久之能改善皮肤粗糙晦暗。

吃盐过多会使人的皮肤变得粗糙，再经日晒很容易引起皮肤发黑。因此，应少吃盐，以保持皮肤细腻。如果由于口味或身体需要摄取盐分较多时，可大量喝水、喝汤或茶，这样可使细胞中的盐分排出体外。

揉擦使皮肤细腻法

用柠檬皮涂擦粗糙皮肤，可渐渐使之变得光滑细腻。将柠檬皮泡在水里洗澡，不仅可使水发出芬芳的香味，而且柠檬皮所含的油脂及养分可滋润皮肤。

因日晒引起的皮肤粗糙发黑，以及因药物引起的皮肤发炎，可用黄瓜擦面防治。从黄瓜的一头约 3 厘米处斜着切下一块，将切口在脸上往复或画圈涂擦，使黄瓜汁渗入表皮、真皮。当切口水分擦干后，可薄薄地切掉一片，再继续擦，擦后 2 小时用清水洗净。用这种方法防治效果稳定，但必须持之以恒。用黄瓜擦面时，忌食有苦涩味的油菜。

涂敷使皮肤细腻法

将冬瓜去皮榨汁，与少量淀粉调匀加热成透明糊状时，取少量涂于脸上，10 分钟后用清水洗净，此法具有去皱、洁肤之效。

皮肤干而粗糙的人，可在鲜牛奶内加适量蜂蜜和杏仁粉末搅匀，涂敷于面部，10 分钟后洗去，可使皮肤细腻。

如果皮肤较粗糙，可用煮熟的菠萝汁洗擦，只需将菠萝洗净后，放入锅中，待煮熟后，将汁挤在一个干净的碗中，用棉花棒蘸后涂抹在脸上。经常用这种方法不仅能清洁滋润皮肤，还可有效地防止痤疮。

将蛋黄和橄榄油(或花生油)混合均匀后制成敷面剂，涂在面部易起皱纹的眼角、嘴角、前额、颈部等处，15 分钟后再涂上已打好的蛋清，留置 15 分钟，干后用温水清洗，此法对粗糙起皱的皮肤颇有好处。

每天晚上洗脸后，用蛋清加橙汁均匀地涂在脸上，10 分钟后洗去。

清洗使皮肤细腻法

皮肤粗糙的人，可在清水里加入 1 汤匙食醋，再漂洗一次，能使皮肤白嫩、细腻。

将盐涂在中性肥皂上洗脸、洗澡，可使皮肤光洁细腻。

中性皮肤的人，选用清洁乳液将皮肤洗净，如洗面奶、香皂或洁面霜等，一般每日清洗面部 2 次为宜。也可选择中性皮肤的面膜敷脸 15～20 分钟。用中性皮肤的收缩水轻轻拍在皮肤上，让扩张的毛孔收缩，可使皮肤清爽。用中性皮肤的营养霜或珍珠膏涂在皮肤上，使皮肤得到充分的营养补充，可防止皮肤干燥，从而增加皮肤的润滑性。

使皮肤红润的窍门

膳食使皮肤红润法

取适量枸杞加红枣和桂圆同煮，但不要加糖，煮开后关火，凉后当凉开水喝，长期坚持可使脸色红润，双眼有神。

将去壳葵花子 20 克、黄芪 50 克和粳米 100 克加清水适量，温火煎煮后食用，每天 1 剂。1～2 月后，可使面色红润。

兔肉营养丰富，高蛋白，低脂肪，经常食用可使肌肤红润。

将新鲜鸡蛋 10 个洗净晾干水分，浸于 500 克食醋中，经过 7 天以后待壳软化时，将蛋取出，剥壳取蛋清、蛋黄，再加入醋液混匀。每天服 1 汤匙蛋液，常饮能使颜面红润、光洁。

将 1 汤匙上等食醋与 250 克冷开水、10 克蜂蜜一起稀释后，睡前服用，每天 1 次，不仅能治神经衰弱、失眠等，而且还可使皮肤细腻、红润。

在多吃瘦肉、新鲜水果和蔬菜的同时，应适量食用含铁的食物，使皮肤得到充足的血液供应，这样能够使皮肤光泽红润。

揉擦使皮肤红润法

甘蔗可以消除颜面皱纹和轻度疤痕，以及治疗皮肤色素沉着和皮肤癌的病变等，这是因为甘蔗中含有一种抗皮肤衰老的化学成分——乙醇酸。因此用甘蔗汁揉擦皮肤2～7分钟，每天1次，坚持3～6个月，即可增加皮肤的弹性，使皮肤色泽红润，皱纹减少。

按摩使皮肤红润法

适当运动，活跃细胞。每日15分钟按摩，毛巾干擦全身(皮肤等有病除外)。经常做面部摩擦运动，让皮肤获得充足营养，保持红润。

如想使面部皮肤变得红润、光泽、富有弹性，应经常用冷水洗脸，这样做还可减缓皱纹的出现。每日早晚洗脸前，先在脸盆中倒入大半盆干净冷水，用双手将脸部搓热后，深吸一口气把脸浸入水中，用鼻孔把气体排出水面，但注意水不要没过耳朵，然后再伸出水面吸气，使面部皮肤和鼻腔黏膜在冷水中得到充分滋润。这样20次左右，再将毛巾浸入水中，然后在面颊、额头、颈部及耳朵周围来回摩擦，使皮肤发红发热，最后轻轻拍打面颊，直至干爽为止。

涂敷使皮肤红润法

将1条黄瓜榨的汁、1茶匙鲜奶油和1个鸡蛋的蛋清搅拌，涂于面部，20分钟后用冷水洗掉，能使皮肤红润、柔媚，对油性皮肤特别有益。

将1大片大蒜磨碎以后，加入1汤匙蜂蜜(或蛋黄1个)，与面粉搅拌在一起，放置10个小时。沐浴后，涂抹在清洁的肌肤上，通常以2分钟左右为宜，不能太久。然后用温水洗净，把大蒜气味消除。此法能加强新陈代谢，红润皮肤。

将黄酒装入瓶中，放进几片去皮的苹果，几天后再放些荞麦，3～4天后用纱布滤渣取汁，以脱脂棉浸蘸，每天涂擦面部数次，会使苍白的面部皮肤渐渐红润起来。

脸色苍白时，先将脸洗净，然后用甜菜叶片涂擦前额和面颊，等甜菜汁稍干后，再涂上一层薄薄的护肤霜，皮肤便会显得比较红润。没有甜菜时，也可用石榴、樱桃等代替。

将蔬菜汁涂于面部，可使皮肤红润、细嫩并富有光泽。

面膜使皮肤红润法

将生胡萝卜切成薄片，贴在脸上，15 分钟后取下，可使皮肤柔嫩红润。也可将胡萝卜捣碎，挤出汁，用纱布浸汁后，贴在面部 15～20 分钟，可使皮肤柔媚红润。

将西红柿切成薄片，贴在脸上和脖子上。此法适用于干燥型皮肤。如混合型皮肤可在颈项、双颊放西红柿片，上额、下额、鼻翼两侧放黄瓜片。15 分钟后，用温水洗净面部。另外，经常将西红柿捣碎取汁涂面，也可使脸色红润洁净，富有光泽。

好情绪使皮肤红润法

人的神经、内分泌、肌肉、皮肤的功能都与情绪有关。因此，要保持开朗的心情，加强循环系统的功能，能使人的肌肤红润。

使皮肤白皙的窍门

膳食使皮肤白皙法

取西瓜子仁 3 份，橘皮和桂花各 1 份，将三者混合后切碎研末，加入米汤调匀。取新鲜鸡蛋 1 只，敲一小洞，使蛋清流入混合液中，加热晾冷后饮服，有一定增白效果。

将冬瓜子仁 15 克、橘皮 6 克和桃花 12 克研成细末，用米汤调拌 1 汤匙，1 日 3 次，连服 1 个月可使面白而光滑。

将生姜 500 克、红枣 250 克、盐 100 克、甘草 150 克、丁香 25 克、沉香 25 克、茴香 200 克研成末，和匀备用。每次 15～25 克，清晨煎服或沸水泡服。

平日将柠檬切开挤成汁加冷开水和糖饮用。挤过的柠檬皮暂勿丢弃，放在盥洗室，无论洗脸还是沐浴用之都让肌肤更幼嫩白皙。

在杯中放入 1～2 汤匙的醋和等量的蜂蜜，用温开水冲开后服下，坚持每日 2～3 次，不久就会令皮肤美白光滑。

将新鲜黄豆浸泡在食醋中，2 星期后，每天嚼食 10 粒。可使皮肤柔嫩，变白。

将一只熟木瓜去掉皮及籽，把木瓜肉切成粒，加一倍的水，放少许白糖或冰糖一起煮，待水开后捣烂木瓜粒，加入 200 克鲜牛奶煮开饮用。长期饮用，可以使皮肤变白。

揉擦使皮肤白皙法

茶叶所含的营养成分甚多，经常饮茶的人，皮肤显得滋润好看。用红茶叶和红砂糖各两汤匙，加一碗水搅拌，用火煮至约剩半小碗水，再调入一汤匙小麦麸（细末），然后洗净面部，适当按摩，并用卫生棉将此混合液涂抹在脸上。大约15分钟后，再用湿毛巾擦净脸部。每日抹一次，一个月后即可使皮肤变得滋润白皙。

将温度适宜的煮熟的不太硬的米饭用手揉捏成团，贴到脸上不停地揉搓，直至搓成黏腻的污黑小团为止，再用清水把脸洗净。这样，米饭便可将皮肤汗毛孔的油脂及污物粘出来。如此坚持半年，便可使皮肤变得白嫩。

将豆腐弄碎装在薄的纱布袋内，洗脸过后用来搓揉脸部，皮肤会变得白嫩。

取新鲜冬瓜去皮切块，入锅加黄酒和清水炖煮至膏状，晾凉后放冰箱保存，每晚取适量擦拭皮肤，1小时后除去。天天如此，数月后皮肤渐白。

涂敷使皮肤白皙法

酸性会使皮肤变黑，碱性则使皮肤转白。皮肤黝黑的人在洗脸后，可用一些油菜汁轻拍面部。菜汁中所含叶绿素就可被皮肤所吸收，使其呈现中性。洗脸后，用西瓜汁涂在脸部皮肤上，效果亦佳。所以用西瓜汁洗面，也会使黝黑的皮肤转白。但要注意，在用油菜汁或西瓜汁洗过面部之后，要用冷水冲洗。

如果颈部皮肤偏黑，请先涂些营养霜或增白软膏，再用柠檬汁或黄瓜汁涂擦。如有色素斑，用折叠几层的纱布蘸3%过氧化氢溶液放在斑点处5分钟，然后涂抹营养霜或植物油。一周两次以上，可使皮肤转白。取一个土豆，削皮煮熟后捣成糊状，往其中加入一匙植物油和鸡蛋清搅匀，趁热涂敷在颈部，可使颈部变得既白嫩又漂亮。如果每日服用800毫克核酸，只需一个月，颈部皮肤就会变得更加细腻嫩白。

将洗面奶加蛋清拌成糊状敷于脸上，静卧10分钟后洗去。

将2小匙面粉和1个鸡蛋的蛋清调成油性润肤油，将其敷在脸上，干后再揭下来，即可使脸变得白皙。

西红柿性微寒，含有大量维生素C。如将西红柿捣烂取汁后，加入少许白糖，涂于面部，能使之洁白细腻。将一个新鲜的西红柿洗净后榨汁再加一些蜂蜜，顺时针搅拌均匀后轻轻敷在脸上，做几次后就会发现皮肤变得又洁白又细嫩了。

黄瓜一根压榨成汁，加入柠檬汁、适量蜂蜜，抹于面上，20 分钟后用清水洗净，可增白皮肤。

将新鲜黄瓜去皮切片，一片一片地贴在刚洗净的脸上，贴满后再用手指轻轻按黄瓜片，以不脱落为宜，20 分钟后揭下。经常使用此方法能使皮肤增白细嫩。

将适量的苹果煮烂，捣碎，加入蜂蜜与乳脂，制成润面膜膏，敷面时，苹果所含的果胶和蜂蜜与乳脂的特质混合，可令肌肤雪白细腻。

油性皮肤的人，把柠檬汁滴在润肤霜上，用来按摩皮肤 3 分钟，或用热毛巾敷后洗掉，久用此法有洁白肌肤之功效。

用鸡蛋清调羊胫骨粉末，每晚敷在脸上，等到第二天早晨再用淘米水洗去。10 天后面部皮肤就会变得白嫩。

夏季将柠檬汁与 1 只蛋黄拌匀，放在冰箱中，次日用棉花蘸涂脸部，15 分钟后用清水洗去，久用可漂白皮肤。

取大而紫的葡萄数粒，挤压出汁水，再把 1 个柠檬挤出汁水，混合后加入面粉、蜂蜜、牛奶调成糊状抹于脸部，15 分钟后洗净，可使肤色增白。

将鲜桃 1 个压碎，汁液均匀抹于脸上，15 分钟后再用清水洗净，可增白肤色。

将食盐 1 匙和杏仁粉 150 克用水调成糊，经常涂于面部，可使皮肤白嫩。

将去皮香蕉半只磨碎，用手指沾着涂面。20 分钟后，用加少量水的鲜奶洗净。一星期做 2～3 次，可补充皮肤中的矿物质，能使皮肤洁白细嫩。

若想令皮肤变得光滑细腻，可每日将晒干的玫瑰花浸泡在热水里，使之逐渐恢复新鲜娇嫩的状态，再滴入 5～6 滴橄榄油，敷在脸上，坚持做一周后，皮肤就会明显变得润泽、白皙。

清洗使皮肤白皙法

将淘米水沉淀取澄清液，用澄清液洗脸后，再用清水洗一次。长期坚持，可使面部皮肤变白变细腻，并能除去面部油脂。

用天门冬和蜂蜜捣烂，放入洗脸水中，每天洗脸，皮肤会变白。

将适量的冬桑叶煎浓汁储存，每天早晨用一酒杯浓汁搅入水中洗脸，能使皮肤光滑、细腻。

润肤美肤的窍门

膳食使皮肤滑润法

经常用凉开水洗皮肤，可收到柔软细腻而富有弹性之功效。多喝水可使皮肤变得柔润。每人每天最好能喝6～8杯水，如饮用果汁水或矿泉水则更佳。

应多食绿色蔬菜和水果，以及核桃、黑芝麻、牛羊肉、蛋类、海产品等，以增加皮肤营养，改善皮肤干燥状况，达到润肤护肤之目的。

蜂蜜含有大量能被人体吸收的氨基酸、酶、激素、维生素及糖类，有的能直接为皮肤吸收利用，起到营养皮肤、促进皮肤生理功能的作用。取蜂蜜和醋各1～2汤匙，温开水冲服，每日2～3次，按时服用，长期坚持，能使粗糙的皮肤变得细嫩润泽。

将银耳、红枣、核桃仁、花生、蜂蜜、桂圆肉、莲子、胡萝卜各适量，共同炖制，经常服用能增强机体抗寒能力，补充水分、养分及增加皮肤弹性。

多吃含铁质及其他矿物质和碘质丰富的食物，可增加血液供给皮肤，光泽滋润。平时多食含B族维生素的食物，使皮肤柔滑。每天多补充充分的维生素C，如柑橘、苹果、西红柿等，可以修补皮肤内破裂的毛细血管。让皮肤得到一定的光照，但不要暴晒，能使皮肤新陈代谢正常进行。每天少食饱和脂肪酸多的食物，多吃些瘦肉、新鲜水果、蔬菜。

将白芝麻炒熟，每日服食20～40克，经常食用，可使皮肤洁白润泽。如从冬初起服至年末，效果会更好。

饮食要合理。要保证人体摄入对皮肤有积极保护作用的微量元素和维生素，同时要注意饮食中的酸碱平衡，吃些美容食品，如芝麻、花生、豆、核桃仁等。

揉擦使皮肤滑润法

将西瓜皮去瓤，稍留残红，切成条状，在脸部反复揉擦5分钟，然后用清水洗净，每周2次，可以滋润肌肤。

将豆腐晒干研末，调水擦面，可使肌肤润滑细嫩。

将晶莹圆润的珍珠研磨成粉，每次1小茶匙，温水送服。每隔10日服1次。临睡前彻底清洁皮肤，将0.3克珍珠粉与润肤水调和，轻拍于面上，能提供肌肤充足的养分，使皮肤得到完全放松。

将薏米仁 100 克、黄油或葡萄 200 克混在一起，装入瓶内密封 10 天，取出用药棉蘸后擦揉面部。

将人参洗净切成薄片，浸入 50%甘油中，10 天后用这种甘油搓脸、手、能润泽皮肤，减少水分流失。

榨取 50 毫升柚汁，加 50 毫升矿泉水，再加一两滴白酒混合，就制成了效果很好的洁肤水。将其盛在密闭的容器中，储存在冰箱内。用时取棉球蘸少许，轻擦面孔，再用清水洗净，可去油脂、污垢。

长期坚持用淘米水洗手、洗脚，能使皮肤滋润光滑，且可防止皮肤老化。

用牛奶数滴搽脸、搽手，可使皮肤光滑柔松，其效果不亚于化妆品。

用冷却后的袋茶轻拍脸部，再用清水洗净，能起美容作用。

柠檬中含有柠檬酸、果胶和大量维生素。柠檬酸能中和皮肤和头发表面的碱，使皮肤和头发有光泽。若用柠檬榨汁洗脸、洗头，柠檬汁中的维生素 A 在接触皮肤时，能被皮肤吸收，使皮肤保持光滑、有弹性。维生素能使皮肤滋润、光滑。将柠檬切开放进水中洗澡、洗脸，其果胶成分可使皮肤光润。常吃柠檬对美容也有很大帮助，柠檬酸还可防止皮肤色素沉着。

老年女性皮脂分泌减少，常显得干燥，所以应多用一些油性化妆品，也可选用人参珍珠霜、银耳霜等滋润皮肤的化妆品。洗脸要用中性香皂，不要用碱性强的肥皂，洗后应常做按摩，以促进皮肤的血液循环。

用洗面奶(或乳)洗脸，性质温和，并含养肤成分，不仅能洁面，而且还能减少色素分泌。使用时如能配合按摩，效果更佳。

洗脸后毛孔张大，应使用整肌用品，如紧肤水，能够收敛皮肤，调节皮肤的酸碱度，达到爽肤之目的。

按摩使皮肤滑润法

将西瓜的青色瓜皮切成薄片，贴敷于面，并用双手轻轻按摩 10 分钟，再用清水洗去，会使面部皮肤润滑。

将 50 克草莓捣碎，用双层纱布过滤，取汁液调入 1 杯鲜牛奶中，拌匀后取草莓奶液涂于面部及颈部加以按摩，保留奶液于面颈约 15 分钟后清洗。此面膜能滋润、清洁皮肤，具有温和的收敛作用，同时有防皱功效。

在手指尖上适当蘸一点凡士林油脂，轻轻地在脸的四周一圈一圈地按摩，将油脂揉进皮肤。按摩一般应坚持 1 分钟左右，接着用薄纸巾将多余的油脂擦去，但不可全部擦去，直到皮肤手感光洁为止。每隔 24 小时进行一次，最好是在晚上。

涂敷使皮肤滑润法

先在脸上厚厚地涂一层奶油或同水混合调匀的香粉膏，15分钟后用清水洗去。

将1汤匙淡酸乳酪和1汤匙蜂蜜混合，搅拌均匀，涂在湿润的脸上，保持15分钟再洗去。

用洗面奶洗净皮肤，将1个蛋清放入容器中搅拌至起泡沫，敷面部15～20分钟，期间保持沉默和安静。用清水洗净，拍上收缩水，搽上面霜，可使皮肤收紧，光滑柔润。

将杏仁放在热水中浸泡2小时，做成敷面剂敷面，过20分钟取下，用温水洗净，擦上营养蜜，每周1～3次，可使皮肤光滑柔润。

皮肤过于干燥的人，可用杏仁油、蜂蜜和生鸡蛋黄混在一起擦面。皮肤毛孔较粗的人，可用1汤匙西红柿汁和2汤匙酸橙汁拌匀后涂于脸上，半小时后洗掉，可使毛孔缩小。

将蜂蜜100克与鸡蛋1个搅和，慢慢加入少许橄榄油或麻油，再放2～3滴香水，拌匀后放在冰箱中保存。使用时，将此混合剂涂在面部(眼睛、鼻子、嘴除外)，10分钟后用温水洗去，每月2次(多做效果更佳)，能使颜面细嫩，青春焕发。

先用温水洗净脸，将炼乳与酸奶混合，身体平躺，将其涂在脸部，敷上黄瓜片。20分钟后取下黄瓜片，冲净即可。此面膜可营养皮肤，保持皮肤水分。

将晒干的玫瑰花浸泡在热水里，使其逐渐恢复自然状态，再滴上几滴橄榄油，用来敷面，会使皮肤光滑润泽。

用人参茶敷面，对皮肤有良好的滋润作用。

取甘菊花、黄松花、赤杨花等花粉，加少许食盐，再加温水调匀，每天早晚用来敷面，常用有护肤美容的作用。

将2只新鲜胡萝卜磨碎，加少许藕粉、生蛋黄一起搅匀，涂在面部，保留20分钟后用温水洗净，能使粗糙的皮肤变得细润。

将毛巾用热水浸湿敷在脸上，每次3分钟，反复2～3次，热敷后再抹些化妆品，即显得容光焕发。

将1个鸡蛋、1匙酒和一些柠檬汁调和成的润肤脂，涂于面部。

事先往丝瓜藤的根部多浇些水，在丝瓜主茎高出地面60厘米处切断，把瓜藤的茎拉向一边，将根部的切口塞进瓶内，一般一夜可提取500克汁液，一天后滤出清液，拌入少许甘油、硼酸、酒精，涂在脸部，有美容之功效。

将6片酿造啤酒用的酵母压碎(或2茶匙酿造啤酒用的发酵粉)，同1茶匙淡酸乳酪混合，在脸上和脖子上均匀地涂抹一薄层，20分钟后再洗掉。

将苹果去皮切块捣成泥，加些蛋清，然后涂于脸部，保留15～20分钟，再用温水洗掉。

黄瓜先切块放入搅拌机中搅成浆状，与一个新鲜柠檬的汁和1/4杯水混合，用棉棒轻轻涂在脸上，肌肤马上收紧。

将两勺花生酱涂在膝和手肘等易干燥部位，10分钟后抹去，再用温水洗净。因为花生酱富含蛋白质和脂肪酸，有助于软化及美化干燥的皮肤。

面膜使皮肤滑润法

使用面膜敷面，有收敛和清洁作用，并能滋润皮肤，促进血液循环。

面膜使用后可以使面部皮肤恢复青春，被美容界称为"幻想自然拉皮膜"、"幻彩美容膜"。把面膜搽在脸上，可自然调节皮肤酸性，使皮肤与外界空气分隔，表皮的温湿度随之上升，促进毛细血管扩张吸收面膜中的营养成分，10分钟后除去面膜，面部皮肤就可变得干净、柔滑、舒适、白嫩。每周用于面部2次，可使面部皮肤减少皱纹，增强弹性，对轻度色素沉着也有辅助疗效，很受爱美女性的青睐。

酸奶中含有大量的乳酸，作用温和，而且安全可靠。酸奶面膜就是利用这些乳酸，发挥剥离性面膜的功效，每日使用，会使肌肤柔嫩、细腻。其做法是，准备酸奶一杯，面粉适量，小钵一个。将酸奶和面粉放在小钵中，调匀成浓稠的面粉糊待用。用热毛巾拭净面部，将酸奶面膜厚厚涂满全脸，静待20～30分钟后，以温水洗净。拍打绿茶水或其他弱酸性化妆水，待其干燥。经常使用，皮肤会越来越细腻、光滑。

在1杯开水中加入2茶匙生菊花，泡浓冷却后过滤，再加1杯放有1茶匙食盐的冷开水，搅匀后灌入有喷头的容器内，可随时补充水分，并能与皮肤表层结合成膜，具保湿功效。

将1个胡萝卜用搅拌机磨成汁，加少许奶粉和橄榄油做成面膜敷面。

要使肤色健美，可用1个鸡蛋的蛋清加上半个柠檬的汁液，搅匀搽在脸上，顿时可容光焕发。用布包冰块轻触脸颊，可使脸部出现红晕，同时可消除汗迹。将2个胡萝卜捣碎，放入1茶匙土豆粉和1个蛋黄做成面膜，敷于脸上20分钟后去除，先用温水洗，再用冷水清洗。将花粉加少许食盐溶于温水之中，每日清晨和晚上用花粉水洗脸，边洗边按摩，对皮肤大有益处。或将少量花粉混入鲜奶、果汁、茶等饮料中，可供给人们日常所需的各种营养成分。

在干净的碗中倒入少许新鲜柠檬汁、蜜糖及酵母粉用手搅匀，使其充分混合后涂搽在脸上，作为面膜膏。由于面部表层的粗细胞会影响皮肤光洁，而酵母恰恰能去除这种阻碍皮肤光洁的粗细胞，使面部皮肤又滑又软。蜜糖润滑皮肤的效果也很显著。靠柠檬来吸收多余的油脂使皮肤干爽滑润。

沐浴使皮肤滑润法

沐浴时让身体尽量靠近莲蓬头，并扭转躯体，使水从不同角度有力地喷射在身上，能够促进血液循环，使皮肤光洁。

用茶水洗澡可清除体臭，保护皮肤，减少皮肤病，使皮肤有光泽、滑润、柔软。

用小布袋装些米糠放在洗澡水中，久洗会使肌肤光滑。

将少许橘皮放入脸盆或浴盆中，用热水浸泡，不仅可替代香水，而且可润肤除糙。

将少量酒倒入浴盆中，在掺入酒的水中浸泡20分钟，浴后十分舒服，皮肤会变得光滑油润，富有弹性。如系含有大量蛋白质、维生素、氨基酸的酒浴，还有防治湿疹、神经性皮炎等功效。

沐浴时，在水中加几滴婴儿用的香液和花露水，既可在皮肤上凝留香气，又可使肌肤柔滑。

沐浴时不要过度清洗，以免洗去皮肤上有护肤作用的天然油脂，反而会加重皮肤的干燥程度。

每晚睡前，沐浴后自然晾干。当皮肤微湿时涂上润肤露，可将水分留住，双臂、肘、膝盖及脚跟等粗糙的地方更应倍加护理。

皮肤应保持湿润，每次沐浴后应将润肤油轻轻涂在皮肤上，而不是加进洗浴的水中。

油性皮肤润肤法

要正确使用化妆品，首先要测定皮肤是干性、中性还是油性。可在早晨起床洗脸前，用白皱纸轻抹鼻翼两侧或额部，显油属于油性；反之，则为干性皮肤；介于两者之间的则为中性。皮肤的护理包含许多方面，不仅仅局限于脸部的护理，同时合理选择化妆品也很重要。现代人的皮肤状况越来越不好，时常出现亚健康的症状。

油性肌肤，选择不含油脂的保湿精华露，做深层的保湿，再配合清爽型的乳液，使水分不易蒸发，留在脸上，同时，对油性肌肤也不会造成负担。

乳液等可用于滋润皮肤，无油腻感，适用于油性皮肤，干性皮肤可用油质润肤霜。

油性皮肤，可将黄瓜蒂部和尖部切碎，挤出浆汁，敷在脸部，用纱布稍稍吸附，防止滴淌，10 分钟后洗去。也可取少许小苏打与鸡蛋黄搅和，加入 12 滴柠檬汁，拌匀后敷在脸部，15 分钟后洗净。还可把燕麦片同牛奶调成膏状，敷在脸部，10～15 分钟后用温水洗去，再用冷水漂清。均可使油性皮肤明显减少油腻。

油性皮肤的人，每天洗脸要 2～3 次，要用温热水洗脸，用热毛巾湿敷面部，使毛孔张开，可有效去除油脂，在洗脸时应选中性或碱性的香皂或洗面乳。晚上洗面尤为重要，必须彻底地洗掉油脂、灰尘和污垢。擦干脸后，用收敛化妆水整肤，然后用清爽的营养奶液护肤。在饮食方面应少食肥腻的食物，如动物脂肪、肥肉等，宜多食新鲜果汁、菜汁，少食辣椒、蒜等辛辣之品及虾、蟹、蛋等易引起皮肤过敏的食物，宜多食豆制品等营养食品。

夏天气候炎热，油性皮肤更是难受，不仅是汗渍，加之油渍，使人显得脏乱，误以为不讲卫生。取冬瓜 100 克、西红柿 1 个、黄瓜半根。榨汁后倒入小碗，再将小碗放进装有热水的容器内，使汁液呈温热状。然后，用棉签蘸上汁液，均匀地涂于面部，半小时后用清水洗净，再对面部进行按摩，能收到良好的效果。

将鸡蛋清 1 个调打至充分起白色泡沫，加入数滴柠檬汁和少许面粉调和均匀，做面膜敷面，有防止产生细小皱纹、润白皮肤、减淡雀斑色素的作用，适用于油性皮肤、有皱纹者。但绝对不能触及眼部周围。

干性皮肤润肤法

干性肌肤，除了要以保湿精华露补充水分之外，每周敷脸的步骤是不能省的。还有由于干性肌肤本身的油脂分泌就不多，如果经常洗脸，会让干燥的情况更严重，因此，每天洗脸最好不要超过 2 次。如果一定要时常洗脸，最好是以清水洗脸，尽量避免使用洗面皂。

干性皮肤，可取 1 只鸡蛋黄，加进少量甘油，搅成浆状，用小刷子蘸着从脸部中间向外刷，10 分钟后洗去。也可在脸部敷涂一层奶油，15 分钟后用清水洗净。均可使干性皮肤增添光泽。干性皮肤者要多摄入豆油、豆浆、胡萝卜等。

将蜂蜜用水稍稍稀释后，涂在皮肤上，可防治皮肤干燥粗涩，干性皮肤尤为适用。

冬季皮肤干裂，可在睡前用温水浸泡，使干裂处软化，再取 3 粒鱼肝油丸，挤出油液涂抹在干裂处，每晚 1 次，1 周就见效。

将 5 只草莓捏碎，加入少许鲜奶油和 1 汤匙蜂蜜搅成糊状，涂于洗净的脸部，20 分钟后用浸过鲜奶的脱脂棉拭净。适用于干性皮肤。

中性皮肤润肤法

中性皮肤，由于有局部出油、长粉刺，又有局部干燥脱皮的困扰，除了保湿化妆水及乳液外，保湿面膜更是必需的投资。因此建议每周至少使用保湿面膜敷一次脸，或是用化妆棉蘸化妆水，直接敷在干燥部位来保湿。

每次卸妆后，应用菊花清洁面部，避免留下化妆的残迹，以影响皮肤，这种方法适合中性皮肤。将脸洗净后，用事先泡在杯中的菊花，将花瓣去除后，放进冰箱冷却，15 分钟左右取出，将小团棉花放入浸湿后，轻轻洗面，即可清洁残留在脸上的化妆品，又可令肌肤柔软。

润肤美肤的小技法

要保证充足的睡眠。睡眠不足，会引起身体血液循环不良，皮肤表面微血管的血液循环会出现淤滞现象，以致细胞老化，加速皮肤皱纹的出现。

减少阳光的暴晒。适当的晒太阳对人体是有好处的，它可以使皮肤红润健康，促进新陈代谢，增强抗病能力。然而，在炎热的夏天，过久的受到强烈的阳光照晒，会使面部皮肤受到损害。轻者使面部皮肤干燥、脱屑，产生烧灼感、疼痛感，严重的还会造成皮肤出现红斑或水泡。所以在烈日下工作时应戴遮阳帽，避免面部受到日光暴晒。

戒掉吸烟的嗜好。烟草雾中的吡啶、糠醛、烟焦油、尼古丁可使人的血管发生病理性改变，造成血管痉挛，血流不畅，使皮肤血液供应减少。烟草雾中的一氧化碳，被吸入肺中后，很快地与红蛋白结合，使其失去运输氧气的功能，造成皮肤缺氧，产生营养障碍，失去弹性和红润的色泽，灰暗无光，皱纹增加。这就是吸烟的女性比同龄的不吸烟者面容显得苍老的原因。

保持良好的情绪。众所周知，愉快的心情，欢乐的情绪，可使人的身心处于积极向上的状态，工作效率高，抗病能力强，满面春风，容光焕发。当受惊吓或激动时，交感神经处于兴奋状态。肾上腺素分泌增多，面部血管收缩，皮肤温度下降，显得没有血色，异常苍白。这说明了情绪的变化与面部皮肤有着密切的关系。长期的焦虑，终日愁眉苦脸，就会使面部皮肤憔悴与衰老，因此要锻炼自己的性格，加强修养，培养宽阔的胸怀，保持欢乐愉快的良好的情绪，对皮肤健康是大有裨益的。

要适当地进行体育运动。体育运动会使肌肉剧烈收缩、心脏跳动加快、呼吸加深、血液循环畅通、新陈代谢旺盛，使皮肤增加弹性，改变皮肤的颜色，减少皮肤皱纹。

要根据不同的季节进行皮肤保养。春季，重点是要防止皮肤被紫外线照射和风吹，同时保持皮肤清洁。夏季，重点要避免皮肤直接被日光照射，保持皮肤干燥。秋季，由于皮脂腺的分泌变缓，重点是预防皮肤干燥。冬季，由于皮肤新陈代谢减缓，容易发生干燥、瘙痒，甚至冻疮，重点是皮肤要防寒防燥。

为保持皮肤含有一定的水分，进一步滋养皮肤，可使用营养霜。

夏季面部会出现褐色或黑色斑点，即日光斑。要防止日光斑就要避免紫外线照射，尤其是那些脸上有雀斑的女性，外出时要涂防晒霜或油性的美容霜，也可戴遮阳帽或打太阳伞。夏天出汗较多，为掩盖汗味，人们喜欢抹些香水。抹有香水的皮肤容易吸收紫外线，在紫外线照射下会变成褐色。因此，在使用香水时，不要将香水喷到阳光可以晒到的部位。

面部皮肤是最引人注目的地方，健美的面部皮肤可增加人的姿色，反映人体的健康状况与精神面貌。少女的面部皮肤，不仅细腻、娇嫩、光滑、红润，而且柔软、富有弹性，洋溢着健美的芬芳。健美的面部皮肤，主要靠健康的身体、合理的饮食、良好的情绪等诸方面的因素而获得。为了保持面部皮肤的健美，可使用一些日用化妆品。不同年龄、不同性别、不同地区的女性皮肤的性质有所不同，要根据个人的皮肤特点来选用化妆品。如年轻人皮脂分泌旺盛，容易生痤疮等皮肤病，最好选用含油脂较少的粉剂、乳剂、雪花膏类化妆品；干燥型皮肤的女性，选用含油脂较多的油乳剂为宜。

化妆品并非越高级越好，因为高级化妆品中含有香料、防腐剂、粘合剂、表面活性剂、保温剂、色素等添加剂较多，容易引起皮肤过敏。

切忌浓妆艳抹，否则会使毛孔汗腺受到堵塞，影响皮肤的正常代谢及呼吸功能，降低皮肤的防御能力，引起感染化脓等皮肤病，使皮肤角质层受到侵害，变得粗糙，加速老化。

存放时间过长的化妆品应该停止使用。已经开盖使用的化妆品，最好在短期内使用完，以免变质。

无论使用何种化妆品，一旦皮肤出现红肿、发痒、刺痛等现象，应立即停止使用。

要掌握好护肤美容的最佳时间。晚上 11 时至凌晨 5 时，是细胞生长和修复最旺盛的时间，在这一时间段中细胞分裂速度比平时快 8 倍左右，因而肌肤对护肤品的吸收力特强，使保养效果发挥至最佳；早晨的保养要应付一天中皮肤承受的压力，如灰尘、日晒等，应选择保护性强的如防晒、保湿、滋润多效合一的日霜，还可选用能增强眼部循环、收紧眼袋的眼霜；上午 8 时至 12 时，肌肤的机能处于高峰，皮肤此时承受力好，可做面部、身体脱毛、除斑脱痣及文眉文眼线等美容项目；下午 1 时至 3 时，肌肤易出现细小皱纹，可额外用些精华素、保湿霜、紧肤面膜等；下午 4 时至 8 时，肌肤对美容品的吸收开始增强，最适宜女性作美容保养；晚上 8 时至 11 时，最易出现变态反应，微血管抵抗力衰弱，血压下降，人体易水肿、出血及发炎，不适宜做任何美容护理。

根据季节护肤的窍门

春季护肤法

春意盎然，人们在春季也应打扮得活泼、开朗一些，除了发式、服装力求简洁、明快而显得富有生气外，保护皮肤也是十分重要的。中青年女性，淡淡涂些口红，不仅可使玉面增辉，而且可防止因风吹引起的唇裂。

油性皮肤的女性，可不必担心春风无情吹干皮肤，只需搽用一些水质性的化妆品就可以了，像各类乳蜜、雪花膏等；中性及干性皮肤的女性，则应考虑得失平衡的问题，可选用油性稍强的化妆品，如乳液、香脂、冷霜等。

春末夏初，明媚的阳光逐渐变得炽烈起来。初春时，皮肤多晒晒太阳，对皮肤的健美是有益的。但在春末夏初，皮肤过分被阳光烤晒，则害多益少。此时常在室外活动的女性，可适当搽用一些含硅酮的防晒膏霜。

夏季护肤法

夏季护肤的重点是：(1) 因为夏天人体油脂分泌特别旺盛，头发也不例外。化妆品则需要具有防水及防晒的功效。宜采用去油脂的洁面霜、含水分的润肤露，而洗发水也要用去油性较强的。(2) 再查看双腿是否还有已死的表皮细胞，若还有的话就用浴刷将死皮擦去，然后将脚趾甲修剪整齐，涂上与指甲相同颜色的指甲油。(3) 沐浴时也要注意，用浴刷将全身死皮擦去，以重现本来细嫩的肌肤。(4) 香水也是夏天不可缺少的，但要选择那些气味清新而香气持久性较强的。

秋季护肤法

经过一个炎夏，皮肤已晒得粗糙黝黑，皱纹日深，因此秋天的护肤工作显得格外重要，具体方法有以下几种：(1) 磨砂膏去汗垢。最好使用以果核磨成的细颗粒，掺维生素 E 和维生素 A 的磨砂膏，或使用以化学原料做成的完全无菌磨砂膏，它们是去除毛孔内汗垢的佳品。使用方法与按摩方法相同，但每个动作不要超过 3 秒钟。眼睛四周不可使用，皮肤细薄者不适宜使用。(2) 脱皮膏换肤。用脱皮膏搓去脸部皮肤的角质层，来帮助废死的老皮脱落，从而使暗沉的皮肤光滑幼嫩，重获营养。此法不可在眼睛周围使用。(3) 面膜膏营养。面膜膏可以购买成品，也可以自己调配，最好在面膜剂内加入维生素 E 和维生素 A，以便使角质层软化，促进细胞新生，并延缓细胞衰老的过程。

以上三个步骤每星期各做一遍。此外，晚上临睡前，还可以进行护肤保养工作，具体做法是：(1) 抹眼霜。眼霜含有丰富的氨基酸、胎盘素及维生素 A 和维生素 E，可以使缺乏皮下脂肪与水分的眼圈获得滋润，并能抗皱与减消眼袋。(2) 抹胶原纤维面霜。含有胶原蛋白成分的面霜，可以深入渗透至真皮，使皮肤紧致和富有弹性，尤其是能促使细胞新生，保存水分。

冬季护肤法

冬季保护皮肤，主要有这样几点：(1) 当你从冷空气中进入室内或是当你外出之前，千万不要洗脸，因为洗脸反而会使皮肤绷紧；如果非洗不可，可以加用乳液或化妆水使皮肤更加柔顺。(2) 如果你的皮肤是干性的，晚上用沾油脂的棉花擦脸，然后用温水轻轻地拭去，趁脸部皮肤还是温热时抹上油脂，这样可防止脸部皮肤干燥。(3) 在冬天，即使不用口红，嘴唇还是免不了干燥，不妨使用一点亮光唇油，使嘴唇不受恶劣气候的影响。(4) 在寒冷的冬天，如果你的脸色有点泛青，最好使用暖褐色的化妆品而不要用粉红色系的，避免错上加错。(5) 如果天气寒冷使你的脸色泛白，就选用暖色系，避免含有太多白色的化妆品。(6) 许多人的鼻子在接触到寒冷时都会变红，这时化妆就得注意，在上粉底前，先抹上绿色系的掩饰保养品，或是上粉底前，先用掩饰性的乳液，将这块容易变红的部位掩盖起来。(7) 患干脚症的女性可用热水浸泡双脚，再用湿浮石轻擦，擦干后涂上油脂，也可涂用杏仁油或羊毛脂，最好穿上干净的袜子睡觉。平时要注意多喝开水，以补充水分。为了避免皮肤水分过多地丧失，在干燥而温度较高的室内，应在室内加湿。

秋冬天气比较干燥，女性对自己的皮肤都应加倍小心地护理。洗澡不仅能令你神经松弛，更可帮助你护理肌肤，不妨试试以下几种特别配方的沐浴方法。(1) 香橙浴：将两个橙子的汁挤到温暖的浴水里，躺在浴缸内浸泡 10 分钟左右，能使你的皮肤充分吸收维生素 C，结果会使皮肤更加健康美丽。(2) 干性皮肤浴：皮肤干燥的女性多感到浑身瘙痒，不妨试一试将一杯醋倒进温水里，浸浴10分钟左右，会收到满意的效果。(3)爽神浴：如果你疲倦得不愿起床，试在温水浴时加进一匙蜜糖，天然的糖分会令你精神一振，皮肤变得光滑。(4)牛奶浴：在你又热又倦的时候，试用一杯全脂牛奶倾进洗澡水中，浸一会之后，能将你的毛孔收紧，使你有一种微针刺的舒服感觉。(5)海盐浴：将两茶匙的海盐、2/3匙的芝麻油及半茶匙鲜柠檬汁混合之后，倒进温水搅匀后泡洗，能滋养皮肤。

总的来说，充足的阳光、新鲜的空气、坚持不懈的体育活动、丰富多变的食物等是获得健美皮肤的最重要的因素。如果你再科学地加以保护，那么你的容颜则可常艳不衰。

皮肤保健的饮食窍门

维持稳定体重法

皮肤的老化，严格地说，是人体新陈代谢的自然进程，是不可抗拒的，它与遗传、年龄、身体健康状况等多种因素有关。但是越来越多的科学证据表明，日常饮食在促进皮肤健康、延迟皮肤老化这一过程中具有十分重要的作用。长期有规律地摄取某些特殊食品及营养物质并将它们贯穿于一日三餐之中，对于减缓皮肤老化以及预防某些皮肤疾病，具有良好的效果。体重反复地升高或降低会损伤支撑皮肤的弹性纤维，一旦皮肤失去弹性，它将不再能随着机体的生理变化而自如地收缩，会变得松弛、多皱。还由于体重的大幅度及迅速改变，使皮下基础脂肪变薄，皮肤皱纹加重，引起皮肤凹陷，尤其会使面部皮肤过早衰老。因此，一日三餐定量，保持体重恒定，是皮肤保健所必需的。

维持足够的脂肪法

面部皮肤是否光润，与皮下脂肪的多少关系密切。可以通过正确的饮食结构，调整和保持皮下脂肪的足够丰满，从而延缓面部皱纹的过早出现，维持光滑的肌肤。皮下脂肪来自饮食中的热量，正确的饮食结构将会提供给你每日必需的足够热量，用以维持稳定的皮下脂肪层。一个体重为65公斤的健康成年男性，每日至少需要1 800卡的热量，根据活动量的大小，还可适当增加540～2 500卡。一个体重50公斤的健康女性，每日至少需要1 380卡的热量，也可适量增加400～

1 650 卡。举例来说,一个蒸熟的土豆,或者 200 克橘子汁,大约可提供 100 卡的热量。

摄取富含营养的食品法 与皮肤保健比较密切的营养成分主要是维生素 A、维生素 C、维生素 E。维生素 A 具有使皮肤光滑柔润的作用,它的最好来源是某些深绿色食品、橘子以及深黄色蔬菜。维生素 C 可以加强皮肤的弹性,它来源于橘黄色的蔬菜、各种水果。维生素 E 可增强整个机体乃至皮肤对于各种外界因素侵蚀的抵抗能力,多叶蔬菜、豆类、谷类以及坚果类食品均含有丰富的维生素 E。上述这些含有维生素的食品,从皮肤保健的角度看,应当常吃、多吃。

饮用足量的水分法 人的年龄一旦超过 20 岁,皮肤的天然湿润剂——分泌汗液和油脂的腺体功能将会下降,皮肤的最外层变薄,使皮肤自身不能很好地维持湿度。因此,如果你不饮用足够量的水分,每天通过排尿和排汗损失掉的水分就不能及时得到弥补,因而机体将会从细胞中摄取必需的水分,包括皮肤细胞中的水分,最终导致皮肤的干燥、老化。为了防止皮肤的干燥和老化,每日至少要饮用 8～10 杯水,这不包括咖啡、可乐等饮料,因为这些饮料含有咖啡因,它们像酒精一样,会使皮肤失去水分。日常饮食对皮肤的保健作用是一个相对长期的过程,不能指望朝夕之间就能够见到效果。但是只要持之以恒,在一日三餐中保持正确的饮食结构和习惯,保证足够的热量和丰富的纤维、水、维生素、水果、蔬菜等,就一定能使你的皮肤健康、光滑、柔润。

养护脸面的窍门

洗脸保健法 交替使用冷、热水洗脸,比用香皂洗脸更能保持皮肤的清洁与健康。洗脸要从外向里、由下而上地洗。如若从上而下洗,恰恰与血液循环的方向相反,从而妨碍脸部的血液循环,使脸部出现细碎的皱纹和造成皮肤松弛。无论是洗脸还是做皮肤按摩,都要采取轻柔的指法,用力过大，反而损伤皮肤组织，加速衰老。

化妆者洗脸法

经常化妆的人洗脸要勤，要化妆的人在化妆前必须洗净脸面，这比任何时候更为重要。即便是卸妆后，也还要洁面。这是因为我们的皮肤也能微呼吸，它既能从外界空气中吸入污尘，又能本身分泌皮脂，这就容易附着灰尘细菌。加上脂粉如果经常残留面部，若不勤洗脸，则对皮肤是很不利的。所以说，经常化妆的人，洗脸要更勤。

油性皮肤者洗脸法

油性皮肤的人洗脸时，应用50～60 ℃的温热水和中性或稍偏碱性的洗面乳，每天洗脸2～3次，晚上洗脸时，应在热洗脸水中滴几滴白醋，用软毛巾擦洗，可将皮肤上过多的皮脂、皮屑、灰尘和毛孔堵塞物清除。

干性皮肤者洗脸法

干性皮肤的人在洗脸时应先用热水后用冷水，应使用中性香皂或果蔬洗面乳，如奶油、橄榄油洗面乳等。晚上洗脸时，最好先在洗脸水中浸泡一些玫瑰花，再加1匙蜂蜜，用该水洗完脸后，用手轻拍至干。晚上反复洗2～3次，能滋润整个面部。

中性皮肤者洗脸法

中性皮肤的人应用冷水洗脸，洗脸后抹上营养护肤品。晚上洗脸时，可先用冷水洗后再用热水洗，然后擦干。

洗脸护面小技法

正确的洗脸方法应采取冷水拍面法，坚持每天用冷水洗脸2～3次。洗脸时不要用湿毛巾蘸水抹脸，而是用手捧水拍面，并顺着面部肌肉走向轻轻抹过，除上额外，不要来回搓。同时，除油脂型皮肤外，一般不用或少用香皂。洗脸后，要抹上适宜的护肤霜。这样，每洗一次脸，就会使面部得到一次按摩，得到一次营养补充，尤其晚上洗脸效果更佳。

水是最廉价的特效美容剂。如果在水中再加点柠檬汁、蜂蜜，即成为高级化妆水。用水美颜的方法主要有：先用温水将脸部清洗干净，再以冷水浸洗，可使肌肤紧绷不致松弛；洗脸后，用手轻拍面颊，使水分被吸收；可用双手捧水泼洒平常刺激不到的鼻子和眼皮；用棉布包冰块，轻触脸颊，既能增强面部血液循环，亦可去除汗渍；用蘸湿的热毛巾烘脸，使毛孔张开；用小块纱布沾水，均匀地贴在脸上，5 分钟后取下，即会呈现光泽。

先用冷水洗面刺激皮肤，再用干毛巾摩擦，到红热为止。每天摩擦，可防止皱纹产生。如发现皱纹，可用牛奶和蜂蜜摩擦，使松弛皮肤紧缩。

人的皮肤暴露在外，脂肪膜经常受到污染，空气中的污物沾在膜上不易脱落，污物吸收脂肪膜中的油分，会使面容变得干燥、污秽，因此，一定要经常洗脸。洗脸要用热水，热水能刺激皮肤，使血管扩张，增加血液循环，又能溶解皮肤油垢，使毛孔容易洁净。

肥皂是洗脸时的必需品，应选用质优的香皂，夏天也可用药皂。洗脸用肥皂不必每次都用，清早与黄昏各一次已足够了，临睡时可以不用。皮肤格外干燥的不宜多用，多用会使皮肤粗糙。不要拿毛巾用力乱擦面部。最好不用毛巾，改用手指洗面，洗时按打圈方式，轻轻地擦，洗后用干毛巾擦干。为要保持美丽的面部皮肤，必须常常洗脸保洁，每天起床、餐后、运动后、睡前，都必须认真地洗脸。

洗完脸后，皮肤会遇冷收缩，可马上涂一层冷霜或雪花膏，同时做些简易的按摩。用双手按着两颊角后用力推，再移至颧骨上贴着，推向耳部。这样每天数次坚持做下去，有防止皮肤早皱的效果，青春容颜将保持得更久。

春夏之交，外出回家应及时用温水洗脸，油性皮肤可用香皂，中、干性皮肤可用洗面奶。洗完脸后，要用冷水漂一遍，以利毛孔收缩。不要总使皮肤处于浓妆状态，要让面部皮肤得到充分的休息。

冬季可在洗脸、洗手之后涂些甘油，但不能用纯甘油，要在纯甘油中掺入等量或至少半量的水，如用纯甘油反而会使皮肤更加干燥。另外，要避免使用含酒精的化妆品，因为酒精对皮肤有损无益。冬季要用温水洗脸，不要用过冷或过热的水洗脸。冰冷的水容易使皮肤干燥以致脱皮；过热的水可以引起血管过度扩张，使皮肤变得松弛、萎缩。用温水洗脸时，皮肤角质层细胞胀大，于是沉积在皮肤上的污垢、油脂和汗渍等就会被洗掉。干性皮肤非常敏感，冬季应用同室温相近温度的软水洗脸，如用草药汤洗脸效果更佳。草药汤可用甘菊、洋苏叶等制作，可选用其中一种，也可用多种等量混合配方。先将草药用 2 杯热水浸泡，再用文火煮 5～10 分钟，然后放凉过滤即可洗脸。

早晨醒来的时候，皮肤经过一夜的休息，虽然因为自然分泌令皮肤略显油腻，但没有受到太多灰尘和紫外线的影响，这时你只需要对肌肤作柔和的清洁和滋润就已经足够了。到了中午时分，尤其是皮肤油分分泌比较旺盛的人，早晨洗出的一脸清爽可能已经不能支持一整天，爱漂亮的你可能已经明显地感觉到不舒服，自觉地取出粉底扑去油光，但这无疑又给你的肌肤增加了负担，让暗疮和粉刺危机四伏。有些聪明的女孩子早已养成了中午洗脸的习惯，不过洗脸次数太多，皮肤容易受损和失去水分，所以应该选择比较滋润的洁面产品。到了晚上，肌肤经历了一整天太阳辐射、空气污染、干燥的空调环境等的折腾，加上化妆品的负荷，它不但需要彻底的清洁，还需要适当的按摩松弛和更深层的滋润。

用加了醋的水洗脸，可以增加皮肤细胞的水分和营养，恢复皮肤的光泽和弹性。

可将橘皮洗干净切丝，晒干后贮存备用。再用时取橘皮丝适量，装入纱布袋内，扎紧袋口，把口袋放入洗澡或洗脸用的热水中浸泡一会儿，用这种橘皮水洗澡或洗脸，不仅闻之清香，而且有保护皮肤的作用。也可直接用开水浸泡几片橘皮，待温度适宜后，用橘皮水洗脸，能润肤。

将白萝卜皮捣烂取汁，加入等量开水，用来洗脸，可使皮肤滑润白嫩，对于有哮喘、慢性咳嗽的人尤为适用。

牛奶含有丰富的乳脂肪、维生素与矿物质，具有天然保湿效果，而且容易被皮肤所吸收，能防止肌肤干燥，并可修补干纹，美容效果极佳。将 3 匙牛奶和 3 匙面粉拌匀，调至糊状，涂满脸部，待面膜干后，再用温水按照洗脸步骤仔细清洗。此面膜一星期最多只能敷两次，太过频繁对肌肤反而不好。

洗脸前，先抹一层冷霜，然后用棉花将冷霜抹去，再擦肥皂，皮肤就不易干燥了。

粗盐对爽洁、滋润皮肤有很好的作用，且做法简单，只需将约两汤匙的粗盐倒在已进行过消毒处理的纱布上，用纱布将盐裹好后，用橡皮筋扎紧，把粗盐搓成如乒乓球大小的球状物，然后将预备好的矿泉水倒入干净的小碗中，把粗盐放入水中浸一会儿，再把浸过的粗盐球以画圈的方式在脸上由外至内轻轻按摩，这时面部会感觉到清爽冰凉。几分钟后，将淘米水倒入盆中，用双手蘸些淘米水轻轻拍打在脸上，使皮肤能充分吸收这些天然营养，最后再用温水将面部冲洗干净即可。

在 1 匙稍温的蜂蜜里加约 1/3 匙的柠檬汁，调匀后涂在脸上，保持 20 分钟后再洗脸。

把蜂蜜和酸奶各 1 匙混合后搅匀，涂在抹湿的脸上，保留 15 分钟再洗去。

养护双手的窍门

手霜养护双手法

手是女人的第二张脸，也是女人美丽很重要的组成部分，一双娇嫩柔滑的手等同于一张美丽灿烂的笑脸。一双修长、细腻、红润的纤纤玉手，不仅给人以健康、纤柔、灵巧之感，更添女性魅力。所以护手很重要。每次洗手后及时涂上润手霜，可补充水分及养分。最好不要用面霜代替护手霜。因为手比脸需要更多的滋润，面霜虽能被快速吸收，但可能无法对手形成有效的保护膜。可根据手部皮肤的不同，选用不同类别的护手霜。如含甘油、矿物质的润手霜，适合干燥肤质；含天然胶原及维生素 E 的护手霜，果酸成分有较强的修复作用，适合因劳作而粗糙的肤质。

做家务时，不要把手长时间浸泡在水中，因为干燥的空气会把手上的水分带走，使手越发干燥。应戴上手套，做完事后用加有少许柠檬汁的清水浸泡，再涂上护手霜。做完厨房工作之后双手又油又腻时，可利用喝剩的牛奶洗手，这样，不但可除去油腻，而且手部肌肤亦得以保养。在做完家务活后，用香皂将双手洗净、擦干，涂上醋，搓一搓，再抹一层护手霜，套上塑料手套或小塑料袋。1 小时后取下，双手会变得柔滑细腻。

泡洗养护双手法

手的皮肤干燥，可在睡前用每公斤水加 1 汤匙盐的温盐水中浸泡。

用鲜豆浆洗手洗脸可护肤美容。每晚睡前用温水洗净手和脸，再用当天榨取不超过 5 小时的生豆浆洗手洗脸，自然晾干，然后用清水洗净即可。

干完脏活后，可在脸盆内放适量热水，再溶些冷霜在水里，把手放在里面浸泡。过后将手擦干，手就可保持细嫩白皙了。

涂抹养护双手法

手部应经常用甘油擦抹，使手常有油质存在。取 1 份甘油、2 份水，再加 5～6 滴醋，搅匀，涂于双手，可使双手洁白细腻。

吃完鸡鸭鱼肉后，不仅嘴边粘油，两只手也一定粘上不少动物油脂。

既然双手有油，不妨让其在手部皮肤上多停留一段时间。将双手手背均匀地涂满油脂，保持5分钟，然后用温水洗去。长此以往，对女性和儿童护肤效果显著。

经常在手上抹少许土豆泥，就可使手上皮肤变得细嫩了。

取医用纯甘油1份，6～9°白醋3份，调匀，装入滴瓶中，洗净手脚，将药液涂入患处，轻轻揉匀，一周后皮肤细腻光滑。

冬天双手应减少洗涤时间，更不可用过量的洗涤剂，以免使得皮脂过少，洗后最好能用橄榄油互擦两掌，以补充损失的脂肪。手接触过洗涤剂后，立即用清水冲净，然后倒1小勺米醋，涂满手心手背，过一会儿再冲洗干净，用毛巾擦干，即可达到护手之目的，若再做些辅助性的按摩，效果更好。

饮食养护双手法

美手也需要以内养外，调理好日常饮食。平日应充分摄取富含维生素A、E及锌、硒、钙的食物。

日常养护双手法

为双手选几副专用的手套，在提过重的东西或搬运粗糙物品时，须戴上厚实耐磨的劳动手套；接触刺激性液体，如洗洁精、洗衣粉之类时，须戴橡胶手套；寒冷天气外出时，则应戴上质地柔软的保暖手套。

在摘菜或开瓶启罐时，也要尽量使用工具而不要用手指和指甲，以免损伤手部皮肤或指甲。

保养手臂法

手臂对每个人都是十分重要的，但很少有人对它有意识地加以保养和锻炼。保养手臂，首先应每天坚持保持其清洁。清洁时，可用香皂等清洁剂。肘处可用较浓的清洁霜或用柠檬擦；如果很粗糙，可用燕麦和水的混合浆状液去按摩、涂擦。清洁后，应用润肤液滋润，从手腕至肩部都应涂遍。肘部的皮肤由于长期压在桌上，滋润时应加倍涂敷。滋润完毕，可用手心按摩臂部皮肤，使肌肉得以刺激，促进血液循环。每天做手臂运动以防手臂肌肉松弛。做手臂运动，重要的是在于持之以恒。每天坚持做几次。具体做法是：双臂向前伸，与肩平，然后平行向后伸，使之在背后接触；双臂在胸前做扩胸运动；双臂向上举，左右臂轮换上举。

健美手部法 手腕放松，十指松开，上下甩动，每日3次，每次数十下；两手握拳，然后逐一伸直手指并尽量往手背后伸展，使手指呈扇形；两只手互相逐一用力拉每个指头；两只手互相逐一按摩每个手指。

看电视或闲暇时，不妨做一些简单的手指操，比如模仿弹钢琴的动作，让手指一曲一张地反复活动，可以锻炼手部关节，健美手形。

冬天从室外进入温暖的室内，如双手又红又肿，感到又麻又热，把手高举过头一两分钟后再放下，可以帮助血液循环恢复正常。

美化手指甲的窍门

修饰指甲法 指甲修饰得法，能够增添女性的魅力。用小剪子剪出指甲初胚，指甲尖高出手指3～5毫米。手胖的人指甲可剪圆一点，手指瘦的人可剪尖一点。

涂指甲油法 指甲油的颜色可根据自己的需要及服饰的颜色选用。在晚会、晚宴上，可选用大红、玫瑰红等深色指甲油。指甲短而小的人，可以用指甲油涂满指甲，使手显得修长；要想使短指变长、宽指变窄，可涂指甲的中间部分而不涂两侧。

涂指甲油时，先涂一层保护基底，此基底可用指甲霜、化妆水、乳液或粉底霜，以保护指甲。随后摇匀指甲油，从指甲底部涂到指甲尖。第一笔涂满指甲的中央部分，然后两边各涂一笔。1分钟后，再涂一次。但不可多涂，否则会引起指甲油剥落。涂完指甲油后，再涂一层护甲油，这样就有光泽了。

选择指甲油的颜色时，颜色的深浅要与手型相呼应。短粗的手指宜用浅色的指甲油，修长的手指宜用深色的指甲油，注意不能和口红、胭脂的颜色相冲突。涂毕，要注意清洁指甲旁的皮肤。因为涂指甲油时，指甲外缘的皮肤很容易被沾上，所以要用棉花棒蘸上洗甲液，做清洁工作。

如果指甲上有缺口，用不着将指甲油全部擦掉，只要再涂上一层亮光指甲油即可。

如果在某些场合希望指甲看来修长些，那么在涂指甲油时不要涂满整个指甲，两边留点空间，同时指甲油采用与肤色相近的色调，像暗粉色或灰棕色。

要想使指甲油快点干，可将涂指甲油的手指浸入冷水中，或使用快干指甲油。

合理使用指甲油法

使用前应将瓶子摇晃几下，可防止指甲油形成气泡。涂了指甲油后把手指泡在冷水中，可使指甲油干得更快。每星期最好有两日不涂指甲油，否则会导致指甲失去光泽，变脆易断。

使指甲光鲜健美法

若指甲上沾上污垢，千万不要用硬器刮，应用棉签蘸双氧水擦拭。或把指甲插进柠檬汁里也可去污。

为使指甲油保持得更久，可以在上面再涂上一层亮光指甲油。

将手洗净擦干后，用棉球蘸点食醋将 10 个指甲擦净。待干后，均匀地涂上指甲油，指甲油便不易脱落，而且光亮生辉。

护理手指甲法

每天晚上将指甲放在温的橄榄油里泡一会儿，再涂上少许碘酒，指甲就变得柔韧而不易劈裂了。另外，还可多吃含钙食物及维生素 A 丰富的食物。

修剪指甲前要先用温水把指甲泡软，就不会使指甲裂开。每周最多涂抹指甲油 3～5 天，让指甲至少能自由呼吸两天。涂指甲油之前要用消毒水清洁指甲表面、指甲与皮肤连接处，以防感染。

取 2 汤匙菠萝汁加入 2 个鸡蛋黄，将双手浸约 20 分钟，就会使指甲边皮软化。

手指甲上有了色斑，可用少许土豆汁擦拭，并让汁液在指甲上保留数小时，然后再用清水洗掉，指甲上的色斑就去除了。

防治灰指甲法

将生大蒜 10～15 瓣捣烂，放在杯里，用醋 100～150 克浸泡，待 2～3 小时后，再将患指插入醋蒜中浸泡，每天泡 3～6 次，每次 10 分钟左右。

用小刀刮除病甲变性部分后，外搽 5％的碘酊或 30％的醋酸溶液，每日

1～2 次，连续 3～4 个月。

将病甲用 40%尿素软膏包埋住，待病甲软化后再刮除病甲。

防治手掌脱皮法　将硫磺研末，手洗干擦净后，把硫磺末放手里来回搓，待手掌发热后，稍停片刻。接着再搓，反复几次，做完后不要立即洗手。每天坚持 2～3 次，3 日可见效。还可以用维生素 C 注射液倒入手掌中，双手将药液擦匀，待药液干后，用清水洗净，每日 2 次，每次 2 毫升。

清洁双手的窍门

除手上残留指甲油法　指甲擦上指甲油后，过一段时间指甲油就会东一块西一块地自行脱落，影响美观。可将瓶内湿的指甲油涂在指甲上，然后用软纸将指甲上的指甲油往一个方向擦去。如果还有未净的指甲油，可再擦一些湿指甲油，用软纸继续往一个方向擦，就可以擦去旧指甲油。也可将伤湿止痛膏剪成指甲大小，牢牢地贴在涂有指甲油的指甲上，5 分钟后将其快速撕下，指甲油就被除掉了。

除手上油污法　当做完厨房工作而手上沾满油腻时，用喝剩下的牛奶或奶粉残渣擦洗，不但可以除尽油腻的双手，还能使双手肌肤更加细腻；也可先将手浸湿，然后取一小撮面粉放入手中，轻搓 1 分钟，使面粉成糊状均匀分布在手的各处，随后用水冲洗即可。

手上沾上食用油、油性签字笔或汽车蜡等难洗的油污时，可用牙膏清洗，同时也可以除臭。

修车或擦车后手上沾满了脏油污，可取米糠少许用水淋湿后，涂到沾有油污的地方，用力揉搓，然后用清水洗净，就可除掉油污，既快又好。

手上沾了机油，可以用汽油洗。若没有汽油，可先用潮湿的土，充分搓一下，然后再用肥皂洗，就可洗干净。

鞋油不慎沾污手时，可在手上擦些肥皂，再取少许米糠在手掌上搓揉，然后用热水洗净。

除手上黄色烟迹法

吸烟的人手指上会有黄色的烟迹，可在一杯热水中滴几滴浓氨水，将手指浸入其中，烟迹便可除去；也可用较低浓度的漂白粉溶液洗手，或在一杯热水中滴几滴浓氨水，将手指浸入其中，烟迹便可除去。如果手上的烟碱迹很重，可用滑石粉和硼酸盐各1汤匙，再加几滴柠檬汁调和，然后用它擦手，即能去掉手上的烟碱迹。如果手指被烟熏得焦黄，可取少量柠檬汁擦洗，烟迹很快会被除净。

除手上油漆法

手上有了油漆，可用去污粉加少许肥皂，蘸一点水搓擦，很快就能除掉手上的油漆；也可将大白菜外帮叶子用手挤成汁两手反复搓一会儿，再打上肥皂搓洗，很快就把沾在手上的油漆洗掉；还可取清凉油少许搽抹1～2分钟后，再用干净棉花轻轻擦净，如油漆已干，擦清凉油2～3分钟后，漆皮就会自动卷起，用手指揭下或用布擦去。最简便的方法是将手沾些沙土，揉擦一下，然后用水清洗，即可洗净。

除手上沥青法

手上沾染了沥青迹，可用植物油或醋或汽油或煤油洗。也可用食油将沥青浸润后，再用纸擦掉。

除手上红药水法

手上染了红药水迹是很难洗清的，如用柠檬汁洗，就容易洗掉。

除手上墨水迹法

手指上如果被墨水污染了，可将西红柿汁挤在污染处，用力搓几下，再用清水冲干净，手上的墨水迹即可去除。

手若沾到墨水，用肥皂很难洗干净。此时可挤掉橘子皮搓拭即可除去墨水。若不能除去，可用丙酮。

除手上有毒物质法

手上沾染了有机磷农药，除敌百虫外，可用碱性大的肥皂反复洗刷。

手上接触了铅后，可用1%～2%的硝酸溶液浸泡1分钟左右，再用肥皂清洗。如果手上沾染的是四乙铅，可用煤油彻底洗刷，然后再用肥皂水清洗。

手上沾染的汞，可用1∶5 000的高锰酸钾水溶液清洗。

手上沾染的苯胺，可用含亚硫酸钠和次氯酸钠各3%的水溶液清洗。

手上沾染的多氯联苯，可用含有松节油的肥皂清洗。

手上沾染的三硝基甲苯，可用含10%的亚硫酸钾肥皂洗手。亚硫酸钾苯成红色，故清洗时只要将红色洗净，表示毒已除去。也可用浸有酒精和氢氧化钠溶液(9∶1)的棉球擦手，观察是否出现黄色，洗净时即不显色。

当手上粘附了有毒物质(如硫磺、水银)后，用食盐搓擦手，然后用清水冲洗即可清污消毒。

除手上异味法

洗过鱼的手常有腥味，可倒点食盐在手上搓一搓，然后再用肥皂洗净双手，腥味便会很快除去。杀鱼、洗鱼以及食螃蟹后，手上会有腥味，可用少许白酒或酒精滴在手心，双手揉擦后再用水冲洗；也可用喝剩的茶水或残茶渣搓擦。手上有了鱼腥味，先用肥皂洗，再用牙膏少许在手上搓片刻，清水冲洗后即可除腥味。

切掰辣椒后，手上留有辣味，可用白酒擦手再洗去，即不会有辣痛感。在手上擦一点砂糖，用清水擦洗干净，再用肥皂洗一次，可去除手上的辣味。

手上的大蒜味，可用咖啡渣洗手。

使眼睛明亮有神的窍门

熨目护眼美目法

将双手搓热，用掌心熨烫双目，每日做10余次，可改善眼部的血液循环，特别适合于老年人，对美目大有裨益。

洗敷护眼美目法

每天用冰水洗敷眼睛1～2次，可保持眼部清爽及四周组织富有光泽、弹性。

将纯牛奶倒入盘中，把眼睛浸在牛奶中眨动，牛奶里的酵素和脂肪会洗净眼睛。也可在冷茶中放少许盐，用其洗眼，眼睛会清澄明亮。

按摩运动护眼美目法

按摩眼睛，可预防视力下降，特别适合于老年人。

运转眼球，能舒筋活络，锻炼眼球，改善视力。

身体直立，平视远处某一目标，树梢、塔尖、山峰均可，以达养目锻炼眼球之效。

合理用眼美目法

用眼不可过度，熬夜工作、读书、看电视，会使眼睛感到疲劳。若因此出现眼睛发红或眼睛模糊时，可用清水或2%硼酸水洗一洗，即可恢复正常，但不可随意使用眼药水。

保护眼睛，预防近视。特殊职业需要应及时戴上保护眼睛的眼镜；屈光不正患者，要配戴合适的眼镜。

按压使眼睛美丽有神法

闭目，一手撑住太阳穴，另一手由外眼角向里轻轻作螺旋式按摩，逐渐移向内眼角，5次为一遍，每日2遍。

用双手的食指、中指、无名指先压眼角、眉3次，再压眼眶下方3次，3～5分钟后，眼睛会感到格外明亮有神，每日数次。

转珠使眼睛美丽有神法

每天做眼保健操，眼睛睁大，眼珠上下转动，每日做10～15次。早晨醒来和晚上睡前做效果最佳。这样可消除眼角的松弛和下垂。

取平视或微仰之姿，望初升或将落的月亮，或取微俯之姿，俯看映在静水中的月影。先将眼睑抬起，眼睛瞪大，努力看，仿佛要在月亮上搜索一般。接着，眼睑逐渐放松收拢，虚视月亮片刻，最后闭目。

眨眼使眼睛美丽有神法

进行眨眼运动时，只要慢慢地眨动眼睛，每眨一次约3秒钟(通常眨眼为0.2～0.4秒)，这样反复10余次即可。眨眼运动可缓解视觉神经的疲劳，又可使眼皮富有弹性。

湿敷使眼睛美丽有神法

茶叶中含有对眼睛有益的维生素A和维生素C及一些微量元素，用茶叶水洗眼，可起到明目美目作用，尤其是对常用眼的学生及脑力工作者。洗眼方法是用纱布沾上温茶叶水，湿敷眼部，眨动眼皮，久之必有奇效。如配合饮用茶叶、银花、菊花，美容效果更佳。

如果喝的是袋茶，那么在茶袋还温的时候将其轻盖在眼睑上 2～3 分钟。还可用热水、菊花茶、热毛巾或蒸汽熏浴双眼，可促进眼部血液循环。

将甘菊茶包放在热水中浸 20 分钟，按于眼部以防止发炎及充血。

将茶汁拍到眼睛上，每天 2 次。

用牛奶拌鸡蛋、蜜糖、薄荷精便是上等天然的面膜浆。如果眼睛感到困倦，可用牛奶兑同分量热水，再用毛巾浸透后敷眼，这样可使眼睛舒适添神。

水洗使眼睛美丽有神法

眼睛喜凉怕热，遇有心火、肝火就会长眼垢、发干、红肿以致充血。用流动的凉水洗脸，能使脑清眼明，因为凉爽很适合眼睛的需要，常年坚持可以预防沙眼、红眼等疾病，也可以保护视力，增加眼睛对疾病的抵抗力。如果原来眼睛有些小毛病，用凉水洗脸，小的眼疾也可以慢慢消除。尤其是对常患眼红、发干、视物不清、沙眼等眼疾的人，好处更加明显。

膳食使眼睛美丽有神法

平时注意饮食的选择和搭配，多食富含维生素及微量元素的食物。经常吃富含维生素 A 的食品，能使眼睛明亮有神，如动物肝、蛋、奶、鱼肝油、油炒胡萝卜、油菜、菠菜、芥菜、茴香、南瓜、橘、杏、柿等，可使你有一双晶莹明亮的眼睛。

养护口唇的窍门

湿敷护理口唇法

当口唇出现干裂，应先用适宜的热水湿敷，使唇部表面松软，再涂些滋润剂或药物软膏，有炎症者服些消炎药物，一般会很快愈合。

用橄榄油涂抹嘴唇，或用橄榄泡汤湿润嘴唇，也可用橄榄仁捣碎，敷于嘴唇,均可使唇部红润滑爽。

润湿膏通常只能令嘴唇油润,不能补充水分,所以每日要饮足够的开水,以保持嘴部湿润。如果嘴唇严重干裂,便要涂上润口红后,加一块沾了热水的化妆棉敷10分钟,这样嘴唇便会回复光滑。

按摩护理口唇法

在睡觉前,涂上润口红,用无名指以点压方式轻轻按摩。这样可以促进黏膜下的血液循环,使唇部呈现自然健康的粉红色。

将半匙干麦片加蜜糖1/8匙和1匙牛奶混合,涂在唇上按摩,然后以清水洗净,能使嘴唇变得光亮润泽。

秋冬季节干燥多风,从室外走进温暖的室内时,嘴唇易产生干裂。应选用那些富含油脂、蜡以及维生素等原料的口红,防止嘴唇因缺少油脂而干裂。最好用一把软毛刷轻轻摩擦嘴唇,把硬皮、皱皮除去。3分钟后再涂上润口红。如不喜欢用口红,可用鹅油、蜂蜜、黄瓜汁及奶液,或者用奶液和奶渣配制的混合液。1匙奶液和1匙奶渣搅拌混合即成混合液。使用蜂蜜的方法是:在唇上涂一层蜂蜜,保持5～15分钟,立刻就能生效。参加活动前涂点蜂蜜,能产生极好的效果,让嘴唇滋润光滑。奶液和奶渣的混合液涂在唇上之后,5分钟后用湿棉球蘸冷水擦掉。为了保持嘴唇润滑鲜红,每天可以用柔软的牙刷沾水后轻轻按摩嘴唇约30秒钟,保证嘴唇的血液畅通,达到红润的效果。

日常护理口唇法

当气候干燥、阳光暴晒时,应注意不舔唇、不咬唇,防止唾液中的消化酶和液渗作用加重唇干。气候干燥时,可在唇的表面涂一层润口红或甘油,起到润唇防干裂的作用。用甘油时需加50%的蒸馏水。若嘴唇已经干裂,应先用温水湿敷,使唇部保持柔软,然后再涂一层润口红或药物软膏。

户外活动时,应在唇的表面涂一层滋润霜。在涂口红前,要先涂润口红,这样可防止唇部直接与外界接触,起到滋润防干裂的作用。

定时去角质最好用专去角质的口红或者以儿童专用的软毛牙刷轻轻刷去死皮。如果平日护理得当,这个步骤只需每月进行一次,做得太多反而会对唇部造成太大的刺激。

选择的润口红最好具有防晒作用,因为日间的紫外线对嘴唇的损害是无法估量的。平日在擦口红前,一定要擦润口红,以免口红色素沉淀在唇上的微细毛孔中，令唇色变得暗淡，失去天然光泽。

彻底清除口红是护唇的首要任务，否则其他护理程序都是白费。平时习惯擦口红的女性在卸妆时，应先用一般卸妆乳，由嘴角往中央方向把口红抹去，这样可以抹净大部分口红。再用嘴唇专用的卸妆液沾湿化妆棉，在唇上敷数秒钟，使残余的口红溶解，用干净的化妆棉抹去，这样嘴唇就干净了。

养护牙齿的窍门

漱口刷牙护牙法

饭后要漱口，漱去菌斑牙不腐。睡前要刷牙，减少细菌虫不蛀。牙刷要刷毛细软，循着牙缝慢慢刷。吃酸味食物后忌马上嚼硬物。

最佳刷牙的方法是每日 3 次，最少 2 次，每次都在进食后 3 分钟内进行。实践证明，饭后立即刷牙，对保护牙齿和防治口臭效果最佳。

刷牙应该是顺牙缝刷，由牙龈部上下刷。忽视晚间刷牙，积存在牙缝中的食物残渣经一夜可发酵产酸，侵蚀牙齿。晚上刷牙后，勿进食糖、水果和点心。饮水中含氟最高的地区，应多进食富含维生素及钙磷的食品以保护牙齿少受损害。

使黄牙变白法

牙黄主要由几种原因造成：喜饮浓茶、浓咖啡、过量吸烟及部分食品中的有色物质形成色素沉淀；牙齿发育期间饮用含氟量高的水；常服四环素等。避免以上几点即可防牙黄。

用碱 50 克掺入 250 克盐水里，储在瓶中，每日早、晚用牙刷蘸此水刷牙 1～2 分钟，刷完后再用清水漱口。坚持半月，牙齿就会洁白明亮。

用等份的食盐和苏打，加水少许混合成牙膏状，用来刷牙，每周 1～2 次，长期使用可使黄牙变白。

牙齿不洁白，可以找一块干净的纱布蘸上小苏打粉反复擦牙齿，可使其洁白。

用乌贼骨研细末拌牙膏，刷几次牙，则可使黄牙或黑牙洁白如玉。

如果把干橘皮磨成粉末，掺在牙膏中用来刷牙，过一段时间牙齿就会光亮洁白。

每天早晨刷牙时，在牙缸的水中稍加点醋，会使牙齿格外洁白。

每晚在刷牙后，用纱布蘸些柠檬汁摩擦牙齿，会使牙齿变得洁白光亮。柠檬的洗净力强，又有漂白作用，且含有维生素C，能强固齿根。

除牙齿烟垢法

刷牙前，先含一口食醋，含漱几分钟，让食醋充分地洗刷牙齿各部位，然后将醋吐出来，用牙膏刷牙，再用清水漱净，2～3天就有效。每天刷牙时，在牙膏上滴几滴食醋，可除牙上的烟垢。

取一点红糖含在嘴里，过10分钟左右，牙齿就会浸泡在唾液和红糖液中，这时可以用牙刷将牙齿刷几分钟，然后再漱一下口，坚持一段时间，牙齿上的烟垢就会除去了。

将白矾少许碾成粉末，用牙刷蘸粉末在牙齿烟垢处轻轻刷几次，便可除去牙齿上的烟垢。

清洁假牙法

漂白粉去渍法：假牙戴久了，牙缝、牙托上会积下黑色的污斑。如用温水加一点漂白粉，每晚睡觉时将假牙泡入，几天后就可使之洁净如新。

中年男性美肤的窍门

男性的皮肤一般比较粗糙，经常会粘附污垢堵塞毛孔，导致毛囊及皮肤腺疾病，尤其人到中年时，由于生理机能的衰退，容易出现皱纹、松弛、浮肿等现象，因此，男性进行科学的护肤是非常重要的。首先是洁面。若皮肤为干性，可用冷水和温水交替洗脸，刺激局部皮肤的血液循环，增强面部肌肤的弹性。油性皮肤者洗脸时最好先用毛巾热敷3～5分钟，再用香皂洗脸，洗后按摩一会儿，可促进局部皮肤的血液循环，改善其营养状况，有利于皮脂的排出，使面部光润、柔滑，减少皱纹和松弛现象。中性皮肤的男士，冷、热水洗脸均可。其次是营养均衡。中年男性正是事业最旺盛的时候，他们经常在外奔波，饮食无节，特别是过食甜、辛、辣、酸等刺激性食物，或有抽烟、嗜酒等不良习惯及不爱吃蔬菜水果，会使体内酸碱失衡而影响健康。因此，要想有健康的肌肤就一定要均衡摄取营养，多吃蔬菜、水果、豆乳制品及其他营养丰富的食物，戒烟戒酒，适当摄取维生素、蛋白质及微量元素等。还要保证足够的睡眠。中年男性正是事业的高峰期，事务繁忙。有的经常熬夜加班，睡眠不足，致使面容憔悴、灰暗，眼圈发黑，眼袋显露，生出更多的皱纹。中年人要保证优质睡眠，每天睡足8小时。当然，睡眠时间也不宜过长。

使皮肤增加弹性的窍门

先用温水把脸洗净，再用冷水浸洗，有助于肌肤绷紧以防松弛。

每天早晚洗完脸后，用双手按摩面部数分钟。按摩前加一些维生素B6，或含鱼肝油、维生素E等药物的软膏或冷霜疗效更好。

取半个苹果，蜂蜜1小匙，麦粉少许，捣烂调匀，涂在皮肤上，可除皱纹，并能增加皮肤弹性。

将煮好的鸡蛋趁热剥去皮，用温热的鸡蛋在脸上滚动，额部从两眉开始，沿肌肉走向向上滚动直到发际；眼部、嘴部是环形肌，所以要环形滚动；鼻部是自鼻根沿鼻翼向斜上方滚动；颊部是自里至外向斜上方滚动，直到鸡蛋完全冷下来。用鸡蛋按摩后要用冷毛巾敷面几分钟，这样可以收缩面部的毛孔。

实用护肤美容的窍门

精神爽朗美容法

“笑一笑，十年少”，精神愉快，喜笑颜开，即使遇上不痛快的事情，也应豁达开朗，保持乐观。这样会使你面色红润，容光焕发。这是由于笑能促使表情肌活动，加速面部肌肉及皮肤血液的循环，加强新陈代谢，增强面部肌肉及皮肤的弹性。

自我暗示美容法

中老年女性通过美容将感到逝去的青春似乎又回来了。如果配上颜色、款式适宜的服装，将产生“我还年轻”的快慰感，从而促使机体分泌有益的激素和酶等活性物质，将脏器的代谢功能调节至最佳状态。身体健康反过来又促使脸色红润、精神焕发，从而达到身心获益的双重效果。

戒瘾保养美容法

不嗜烟酒，尤其是烟，吸烟会使面部皮肤过早衰老。合理搭配膳食，保证营养，一个贫血患者是谈不上容颜焕发的。

放声歌唱美容法

唱歌能促进面部肌肉运动，改善血液循环，能提高肌肤细胞的代谢活动。同时，唱歌又能使人心情愉快，精神焕发。有人曾作了统计，一些演员和歌唱家，其容貌老态的发生要比普通人迟，这其中的主要因素得益于唱歌。

学吹口哨美容法

吹口哨可使脸部肌肉充分运动，除有减少脸部皮肤皱纹的美容之效外，还能使脉搏减缓，血压降低，因而，吹口哨也称得上是一项健身健美活动。

经常咀嚼美容法

细嚼慢咽能促进面部肌肉的运动，改善局部血液循环，提高颜面皮肤和肌肉的新陈代谢，减少皱纹，使面部皮肤变得红润，青春常在。

美国洛杉矶神经科医学中心主任福克斯通过观察得出这样的结论：每天咀嚼口香糖15～20分钟的女性，当她们连嚼几星期后，面部皱纹就开始减少，面部也逐渐红润。进餐时细嚼慢咽，经常咀嚼橄榄、话梅、甘蔗等食品，可神奇般地减少面部已有皱纹，使皮肤更光滑，有助于美化容颜，防止面部衰老。

经常搓脸美容法

揉搓面部能使血管扩张，血液流量加大，新陈代谢旺盛，供给面部皮肤的营养增多，从而使皮肤逐渐变得红润、美观，皱纹减少；搓脸还可增强皮肤的抵抗力，有效地防治伤风感冒和生长疖子、痱子等，有利于健康。搓脸的方法是：先将两手搓热，然后用手掌贴紧脸部上下揉搓，直到脸上发热为止。每日2～3次，每次3～5分钟。能长期坚持搓脸，可使人容光焕发。但是，脸部患有皮肤病如疖肿、顽癣、白癜风的人不要搓脸，以免使病情扩散。

运用清水美容法

每天早上起床后，先将脸洗净，然后再换一盆清水，在水里放上几块冰，稍等片刻，将脸全部浸在冰水里，5 分钟后抬起头，用毛巾轻轻地把冰水擦去。

旅游途中到了有山泉的地方，不要忘记用山泉水洗脸。因为山泉水污染少，内含多种矿物质，对皮肤极为有益，用山泉水洗脸能有效防止皮肤产生皱纹和出现皲裂。

科学研究发现，自来水经煮沸处理后自然冷却至 25℃左右时，水中所含有的气体是煮沸前的 1/2～1/3。平时所喝的凉白开水实际上是一种缺少空气的“缺气水”。另外，由于煮沸后，水分子之间内聚力增大，水分子结合力更加紧密，极易与人体细胞的水分子亲合，所以如果平日用凉白开水洗脸，较容易地渗透到皮肤表层内，使皮下脂肪呈水灵灵的状态。若长期坚持，定能使皮肤保持足够的水分而显得柔软、细腻、水灵。

用水冲洗美容法主要有：早晨起来用水冲洗脸部，可使精神焕发，尤其是冲干净后再化妆，不易脱落；脚部疲劳时，以冷热水交替冲，可消除疲劳；失眠时，以冷水冲淋小腿，有助于入睡；头发洗净后，以冷水冲发根，可刺激头发生长，防止白发生长；以画圆圈的方式用水冲腹部，可除赘肉，并增强肾脏的功能；以压力强的水冲淋，可刺激皮肤，增进血液循环，对治疗肩背部酸痛有益。

经常沐浴美容法

沐浴能清洁皮肤、消除疲劳。沐浴时全身血液循环加速，毛孔张开，便于排除污物，使皮肤清洁润泽。人卧于浴缸，全身肌肉尽量放松，等到皮肤浸透泡软后，再用软毛刷轻轻地擦洗皮肤较粗糙的肘、膝、足等部位，擦洗时，动作要有规律。每次沐浴时注意在这些部位多下工夫，就可以保持皮肤光洁、细润。沐浴后趁身体尚温热，在全身外露部分抹上霜剂。

夏季的傍晚，在洗澡水中加入适量风油精，那么出浴乘凉时可感到周身凉爽舒适，还具有提神醒脑、防治痱子、驱除蚊虫叮咬等多种作用。

长年操持家务，不知不觉双手皱纹横生。做完家务后将双手浸泡在干净的温水中，可软化皮肤。双手擦净后涂上润肤膏，不断相互摩擦，油脂渗入皮肤，可使双手逐渐恢复柔嫩，富于弹性和光泽。

夏日精神不足时，可在洗澡的温水里加些盐，精神会很快振作起来。

如果在浴盆中加入少量蜂蜜，浴后将感到肌肉放松、全身舒适，一天的疲劳不翼而飞。

如果在浴盆中加入适量食醋，可使人顿觉手足轻松舒适。同时，因干燥而瘙痒的皮肤会变得滑爽滋润。

洗澡时，在浴水中加些酒，可使皮肤光滑滋润，柔软而富有弹性，对皮肤病、关节炎有疗效。

运用汽熏美容法

蒸汽美容能使面部皮肤嫩滑、柔软。蒸汽可使面部皮肤的毛孔扩张，软化皮腺下的污垢物，使淤积于皮肤毛孔内的污垢排除，并促进皮层的血液循环和新陈代谢，抑制雀斑和褐色斑的产生，使干燥、粗糙的皮肤逐渐变为滑嫩、柔软。用中性香皂将脸洗净擦干，在洗脸盆中倒入80℃以上的热水，再将头部低垂在脸盆的水平面上，并用毛巾连头带脸盆边缘一并遮住，熏15分钟左右，使毛孔收缩，最后擦涂一些收敛性化妆品。蒸汽美容适宜任何皮肤。干性皮肤的人，用水温度不宜过高，熏的时间可稍长一点，每周做一次即可；油性皮肤者，用水温度可稍高些，每周二三次为宜。

自我按摩美容法

按摩皮肤可促进局部和周身的血液循环，使细胞再生能力增强，按摩还能消除眼眶皱纹，包括鱼尾纹。具体方法是：每日早晚洗脸前各按摩5～10分钟。两手指以前额正中为起点，向左右同时按摩十余次，然后沿鼻翼两侧外展按摩十余次；再以嘴角外展按摩十余次。持之以恒，可刺激面部皮肤和肌肉的紧张度，使新陈代谢和血液循环保持在最佳水平。还有一种方法，先用双手食指按住鼻梁双眼大眼眦作强向按压，每秒钟1次，连做5次。再用食指强压眼下眶部位，同样是每秒钟1次，连做5次。最后按压小眼眦旁1厘米左右处，作强穴位刺激，要在5秒钟施行5次以上。这种方法能镇定视神经，直接刺激眼睛周围的皮肤，有利于消除鱼尾纹。

中老年女性按摩前先洗蒸汽浴或擦护肤膏，按摩时手法要轻，不要推挤皮肤，最好从前额中间到鬓角，从鼻梁到两耳，从眼角到下眼皮到眼内角，然后经上眼角返回。对皮肤松弛或皱纹明显处着重按摩。也可先用温热毛巾热敷面部2分钟，待毛孔扩张、鳞质脱落后，涂抹护肤油脂，用双手指肚沿额头经双颊至下巴会合，然后转向下唇，左右夹击绕嘴唇按摩至人中穴会合；左右分开沿双侧鼻翼上行到眼角处，各自绕眼眶运行于额头会合。

运用蜂蜜美容法

蜂蜜含有大量能直接被人体吸收的氨基酸、酶、激素、维生素及糖类，有滋补、护肤的作用。用蜂蜜加2～3倍水稀释后每日涂敷面容，可使皮肤光洁细嫩，减少皱纹。如用燕麦片、蛋清加蜂蜜制成膏霜涂面，效果更佳。但敷后需轻轻按摩10分钟，以使蜂蜜的滋养成分渗透到皮肤细胞中去。取一勺黑砂糖加少许蜂蜜再加入一点水，涂敷在皮肤上，可令肌肤保持水嫩。以2∶1∶1的配方比例将面粉、蜂蜜及牛奶调匀，每周敷脸2次，每次15～20分钟，而后再用温水洗净，将化妆棉在化妆水中浸湿，轻拍面部。最好在每天洗澡前先将脸洗干净，然后在脸上涂抹蜂蜜，利用洗澡时的蒸汽，将蜂蜜蒸入毛细孔，长期坚持可令肌肤白嫩光滑。将蜂蜜1匙加热变稀后，一滴一滴地注入1个蛋黄中，同时不断拌入1匙燕麦粉，并不断搅拌，即制成蜂蜜美容剂。这种美容剂适用于干性皮肤者。使用时要先洗净皮肤，然后再把美容剂涂在皮肤上，半个小时后再用冷水洗净。长久使用，可治愈干性皮肤，以达到美容的效果。

运用花粉美容法

专家研究确定，甘菊花、黄松花、赤杨花、粟米花、稞麦花、鸭茅草花等花粉口服或外用均有美容之效。这些花粉之所以能美容，是因为所含营养甚丰，其中包括蛋白质、植物脂肪、碳水化合物、多种维生素、矿物质、氨基酸及酵酸等，能调节人体机能，改善皮肤组织，抑制色素沉着，延缓皮肤衰老，具有滋养皮肤，使皮肤白皙的作用。

运用食盐美容法

人们都知道盐是人类赖以生存的重要物质之一，却很少有人知道它还是一种有效的廉价美容品。盐水具有杀菌消毒的功效，在洗澡时，先用盐涂抹全身，然后轻轻揉搓，过几分钟用清水冲洗干净，皮肤不仅光滑细腻，而且有益健康，具有美容保健的作用。

用酸食品美容法

据专家研究，人体是由细胞构成的，而维持这些细胞合成的基本物质，就是核酸。核酸对于防止皮肤老化具有十分重要的作用。沙丁鱼、鲣鱼干、虾、牡蛎、蛤蜊以及动物的肝脏等食品中，都富含核酸。在食用这些食品的同时，要注意适量的吃些蔬菜和水果。有专家做过这样的实验，以20位女性为对象，每天服用核酸DNA 800毫克和维生素2克，4个星期之后，其中9位女性的老年斑消失了，5位女性脸上的皱纹没有了，8 位女性原来粗糙的皮肤也变得滋润了，11 位女性的肌肤显得比原来更柔滑了。

常用食醋美容法

晚睡前，将少量食醋加入温开水中服用，既利于睡眠，又有利于皮肤的保养。

每次在洗手之后先敷一层醋，保留 20 分钟后再洗掉，可以使手部的皮肤柔白细嫩。

使用面霜美容法

国外有一种新的美容，就是用米或面粉加水制成的面霜。每天将脸洗净后，敷以这种面霜，并轻轻地按摩，然后再用餐巾纸贴在脸上，吸去多余的水分。如此持之以恒，能改变肤色，使肤质滋润。

常用鸡蛋美容法

将鸡蛋清搅到起泡，然后用笔涂在面部，干了再涂，反复几次，10 分钟后洗净，再抹含维生素 E 的面霜，有紧肤除皱和清除污垢之效用。

在搅匀的蛋黄里加一点苏打粉，再滴入 2 滴柠檬汁，拌匀后涂在脸上，保留 15 分钟后用温水洗掉。适用于油性皮肤保养美容。

用 1 个鸡蛋黄的 1/3 或全部，维生素 E 油 5 滴，混合调匀，敷面部或颈部，15～20 分钟后用清水冲洗干净。适用于干性皮肤，可抗衰老，去除皱纹。

取等量的轻粉、滑石、杏仁(去皮)研成细末，用水蒸熟后加少量冰片，再用鸡蛋清调成药膏状，洗脸后将其敷于脸上，每日 1～2 次，脸色会鲜润如玉。

将一匙蜂蜜、半匙藕粉和一个蛋黄搅匀，取适量敷在脸上，待其干燥后再洗净。适用于干性皮肤保养美容。

将麦片、杏仁、蜂蜜及蛋清混合，随后一边按摩一边将混合液涂抹在脸上，20 分钟后洗净，可祛除脸部的黑头及枯死的细胞。

将芦荟 1 根去皮取汁，与蛋清 1 个和少许蜂蜜混合在一起，调匀涂抹在脸上，半小时后洗净，能消炎、润肤。芦荟有消炎镇定的功能，蛋清可清热解毒，其中丰富的蛋白质还可以促进皮肤生长，蜂蜜中所含的维生素、葡萄糖、果糖则能滋润、美白肌肤，并有杀菌消毒、加速伤口愈合的作用。

洗净皮肤，用蛋清敷面部 15～20 分钟，然后用清水洗净，拍上收缩水及面霜，可使皮肤收紧、柔滑。

将1个蛋清加1小匙奶粉和蜂蜜调成糊状，晚上洗脸后涂在脸上，半小时后洗去。此法坚持下去，可使面部皮肤润泽，皱纹减少。

将面部洗净擦干后，趁热将已煮好剥壳的鸡蛋在脸上滚动按摩，滚动应按肌肉的走向进行，额部沿眉向发际方向滚动，眼部与口腔周围作环形滚动，鼻部从鼻翼向鼻根部作斜上方向滚动，颊部由里至外向斜上方向滚动，直到鸡蛋变凉。用鸡蛋按摩后要用冷毛巾敷面几分钟，这样可以收缩面部的毛孔。用刚煮熟的热鸡蛋按摩，可以促使面部皮肤血管舒张，增强血液循环，再用冷毛巾敷面，可使毛孔和血管收缩，这样一张一弛令皮肤富于光泽和弹性。鸡蛋白柔软，富于弹性，是按摩皮肤的好材料。鸡蛋清的主要成分是蛋白质，在按摩的过程中，其营养物质可以通过毛孔直接被皮肤吸收，起到营养皮肤的作用。按摩后的鸡蛋，可将蛋白去掉，蛋黄吃下，以增强机体的营养。

将鸡蛋用适量烧酒浸泡，密封存放一个月后，每晚临睡前用酒泡过的鸡蛋清涂脸，能润肤祛斑。

当使用化妆品不慎引起面部皮肤过敏时，除立即停止使用外，取鲜奶一袋，用药棉蘸奶涂于面部，可补充面部皮肤损失的营养。随后取鲜蛋1个，磕一小孔，让蛋清流入碗内，取之涂于面部，待蛋清被皮肤吸收干燥后用清水洗去，再涂上黄瓜泥少许，这样脸部皮肤因过敏而产生的红肿、发炎便可除去，并且还可预防面部皮肤再次过敏。

鸡蛋清可绷紧皮肤，减少细小皱纹。最好不要长期只用一两种蔬菜瓜果美容，经常变换，让皮肤吸收各种维生素。

将2个蛋黄(蛋清留下另有用处)搅拌一下，加入一小杯温水搅拌均匀。先将头发用洗发水洗净，再用蛋黄水洗涤头发，用水冲洗干净，能使枯干的头发变得滑润而有光泽。再将剩下的蛋清搅拌一下，涂在脸上，同时用手指按摩，待蛋液干后(大约15分钟)再用清水洗净。这不但会使皮肤光亮细嫩，而且还可以防皱。

将1个生鸡蛋的蛋黄与1汤匙鲜奶油(或鲜牛奶)、1汤匙黄瓜汁调匀，用以敷面。20分钟后用冷水洗净，能使面容红润柔和，适于油脂多、皱纹多的皮肤。

运用茶水美容法

饮茶对保持窈窕身段、减肥具有特殊功效。将茶叶泡在含糖分的矿泉水中饮用，可使皮肤细嫩柔滑；搽一层茶水在皮肤上，能使古铜色的健康皮肤保持更长时间。

女人一定要喝茶的，如果胃没有毛病，绿茶和乌龙茶最好。特别是那些想要减肥的女性，茶是最天然、最有效的减肥剂。

如果皮肤因受到强烈的阳光刺激而受损，可用棉花蘸冷茶水擦抹患处，不要用力过大，直到舒服为止。

因用眼过度疲劳时，可用药棉蘸冷茶水清洗双眼。几分钟后，喷上冷水用手拍干，有助于消除疲劳。

适量饮水美容法

水在体内的代谢对皮肤保健相当重要，皮肤含水量大则显得饱满舒展，反之则显得干燥苍老。喝水得法，能促使皮肤光洁，富有弹性，人体健美。早晨起床喝一杯温开水，以及时补充一夜消耗的水分，清理肠胃，降低血液浓度，促进血液循环，使皮肤常年保持光亮鲜泽；晚上睡觉前一个小时，喝一杯水，可安宁消化系统；上床前不要喝水，以免睡眠时水分得不到充分流通，积存于上体，次日起来，眼皮会浮肿。平常不经常喝水的人，时间长了，皮肤容易失去弹性而起皱纹。因此，为了能容光焕发，每天一定要喝适量的开水。但应注意，不要等到口渴了才喝水；不要在饭后马上饮水；切忌一次饮用过量；大量出汗后，可适当饮用淡盐水。注意尽量在饭前、睡前1小时左右喝水。水包括矿泉水、果汁、绿茶等。其中以矿泉水、果汁效果最佳。

运用柠檬美容法

柠檬含有枸橼酸果胶和大量维生素A、C、P等。枸橼酸能中和皮肤和头发表面的碱，使皮肤和头发能顺利生长，维生素A在接触皮肤时能被皮肤吸收，使皮肤保持艳丽、滋润、光滑。将柠檬切开放进水中洗脸、洗澡，其果胶成分能使皮肤光润。常吃柠檬对美容也有很大帮助，枸橼酸还可防止皮肤色素沉着。

早晨饮一杯鲜柠檬汁，可帮助排去体内的有毒物质。经常饮用柠檬汁能使人皮肤嫩白。柠檬汁有天然漂白作用，能帮助减退雀斑。将半只柠檬皮切成粒状，10滴柠檬汁，与2只鸡蛋黄一同拌匀，密封，放在冰箱中过夜，这样可使柠檬皮所含的油分让蛋黄充分地吸去。翌日，以棉花蘸蛋汁往脸上涂开，但眼睛周围不要涂，10分钟后，用温水将蛋液洗去，拍爽肤水，再抹面霜，有漂白皮肤的功效。

将柠檬洗净后，切为四瓣，在泡水饮服的同时取少量柠檬水浸湿手绢擦脸或热敷，可改善脸部皮肤的营养状况，起到护肤美容的作用。

取新鲜柠檬，洗净，切开，榨汁，淋入适量蜂蜜搅匀。夏季调凉白开加冰块饮用，冬季调温开水加枣汁饮服，是最滋补的美颜饮料，长期饮用可使皮肤洁白晶莹。另外，榨汁剩余的柠檬放入浴盆内用来洗浴，可使皮肤漂白增香。

盛夏被阳光灼伤了皮肤，可将柠檬汁搅拌在少量面粉中，敷在面部，保留 20 分钟后洗去，灼伤处可自愈。

运用菠萝美容法

将菠萝取汁，用双层纱布浸汁敷于洗净的面部，静卧 15～20 分钟。在酷热潮湿的气候下使用这种面膜能收敛膨胀的皮肤。

运用生梨美容法

生梨有天然的收缩功能，是油性皮肤及中性皮肤最理想的收缩护肤品，而且含有丰富的铁质。将一个梨子捣碎冰镇，加入两汤匙酸乳酪拌成糊，涂于面部敷 15 分钟，用清水洗净，能清洁皮肤，产生润滑及滋润作用。

运用橘子美容法

将橘子连皮捣碎，浸入酒精中，加适量蜜糖，放 1 周后取出使用，有润滑皮肤消除皱纹之效。将橘子皮捣烂泡酒，1 周后当润肤脂使用，可去皱、美容。

将少许橘皮放入脸盆或浴盆中，热水浸泡，可发出阵阵清香，用橘皮水洗脸、浴身，能润肤，有助于防治皮肤粗糙。

运用苹果美容法

苹果含有丰富的维生素和矿物质纤维及天然糖分，对皮肤颇有裨益。苹果适合于油性皮肤，将 1/3 个苹果搅烂成酱，敷在面上，躺下休息 15 分钟后，将苹果泥抹去，接着用温水洗脸，再用冷水作收缩用。可软化角质层，使油脂分泌平衡。

将苹果 1 个去皮核，加少量牛奶煮，压成果泥，凉后涂在脸上，保留15～30 分钟后再用清水把脸洗净，可除皱、洁肤，促进皮肤新陈代谢。

将冰冻了的苹果榨汁，沾湿化妆棉敷在油脂分泌旺盛的部位如鼻翼、下巴等处，10 分钟后清洗。苹果中的果酸成分能吸走脸上多余的油脂。

运用猕猴桃美容法

猕猴桃富含维生素C，有助于血液循环，更好地向皮肤输送营养物质。而维生素A可使皮肤富有弹性，延缓松弛，动物肝脏、乳类含有大量维生素A。因此，每天早晚可各吃一个猕猴桃。

运用香蕉美容法

将1根去皮的香蕉捣烂，加入2匙奶油、2匙浓茶水和0.3克珍珠粉，调匀后涂抹于面部，10～20分钟后用清水洗净。可消除皱纹，保持肌肤光泽。

常吃香蕉有利于美容，香蕉含有丰富的维生素A、维生素B、维生素C、维生素E和铁质，还含有协调身体酸碱度平衡的磷和矿物质，是提神醒脑、美容润肤的最佳保健食品之一。

运用桃子美容法

将桃子切成数块，在已做好清洁工作的脸上，轻轻摩擦约10分钟，清洗后拍爽肤水，搽面霜。如果能持之以恒，对于皮肤的嫩滑和肤色的娇美都有帮助，特别适合粗糙和有脱皮现象的皮肤。

运用草莓美容法

草莓含有丰富的维生素C，对保持皮肤结实、平滑有极大的功效，草莓还含有保持头发和皮肤健康所需的维生素A及钾质。虽然草莓含酸性和有收缩作用，但亦可以混合酸乳酪来用作面膜，并且适合任何性质的皮肤。吃草莓对治疗失眠有帮助，饮一杯草莓汁能令神经松弛下来，容易进入梦乡。

将3个草莓和1匙牛奶倒入盛有1个煮熟的土豆的容器中，捣烂混合后放入冰箱中冷藏，在每日睡前敷脸30分钟。能使肌肤收紧又有弹性，防止皮肤松弛。

草莓增白霜是俄罗斯美女喜爱的化妆品，特别适合长雀斑和长色素斑的皮肤。鲜草莓汁200毫升，燕麦粉少许。将羊毛脂5克溶化后，加入燕麦粉少许搅拌均匀，然后边搅拌边加入草莓汁200克，一直搅至起泡沫。草莓增白霜滋养皮肤，有增白作用。

运用李子美容法

用6只李子煮透后摊凉压烂，再用一茶匙杏仁油拌匀，用它来敷面可以美容。此法适合油性及有粉刺的皮肤。

运用黄瓜美容法

新鲜黄瓜富含黄瓜酶，而黄瓜酶具有显著的生物活性作用，能有效地促进有机物体内的新陈代谢。根据黄瓜汁的特殊功效，可制成美容剂来清洗皮肤和保护皮肤，舒展皱纹。黄瓜不但能收敛及消除皮肤皱纹，而且可以使暗沉的皮肤光洁细腻。

用黄瓜和牛奶一起煮汁，每两天往脸上涂抹一次，可使皮肤光润洁白。

每晚睡觉前，将新鲜黄瓜去皮切片后，立即一片一片贴在刚洗净的脸上，再用手指轻轻按黄瓜片，以不脱落为好，20 分钟后揭下。经常敷用，可供给皮肤营养，长期使用有增白、柔软、滋润皮肤的功效。

如果眼部肿胀，用一片黄瓜贴在眼部 15～20 分钟便会产生奇效。

用新鲜的黄瓜和黄瓜子提取瓜油，适当加入化妆品中。具有促进血液循环及皮肤氧化还原的功效，对粉刺、酒糟鼻、老年斑、雀斑、皮肤粗糙、皱纹等具有良好的防治作用。如加入护发类化妆品中，能使毛发柔软并产生光泽。有了雀斑或色斑，可搽黄瓜泥、西红柿，敷黄瓜皮。

将新鲜黄瓜洗净，放在器皿里捣烂成汁。每天早晨洗脸前，先用乳浆 10～15 毫升与黄瓜汁 30～60 毫升的混合液搽脸和颈部，过 15～20 分钟后再用水洗去，坚持这样做 1 个月，有使皮肤变白、黑斑消退的功效。若想使皮肤黑斑褪色，每天早晨洗脸前用黄瓜汁（皮肤干燥者）、柠檬汁或蒲公英花的浸泡汁（1 汤匙开水冲入适量切碎的蒲公英花）搽脸，保持 5 分钟。早晨洗脸前，用黄瓜汁搽脸，可使脸上的黑斑褪色。

将鲜黄瓜去皮，切片或擦丝，以 1∶10 的比例用热牛奶浸泡，放凉后过滤，得到黄瓜美容奶，早晚各 1 次搽脸，具有较好的美容作用。

将小黄瓜 2 根打碎取汁，与鸡蛋清 1 个调匀，加入面粉少许调成糊状。涂抹在脸上，20 分钟后洗净。最适合日晒后做皮肤保养，剩余的也可以用来涂抹身体其他部位，如手臂、脖子等。

将鸡蛋 1 个磕入碗内，加入 1 小匙芦荟汁、3 小匙黄瓜汁和 2 小匙砂糖，充分搅拌混合，再加入 5 小匙面粉或燕麦粉，调成膏状。将此润肤膏均匀地敷在整个脸上，然后眼、嘴闭合，面部肌肉保持不动，40～50 分钟后用温水洗脸。每周坚持 1～2 次，润肤效果甚好。

将黄瓜榨汁与 1 个蛋清混合调匀，再加 2 滴白醋，有滋润和增白的功效，每周1～2 次。

运用丝瓜美容法

日本报纸报道，丝瓜水是上等的美容佳品。日本一位80岁高龄的女作家平林英子，从不用美容霜、抗皱膏等高级化妆品，几十年来一直坚持每天早晨拿纱布蘸着丝瓜水擦脸，至今脸上无皱纹。据她介绍，这种做法是母亲传授的，她母亲活到90岁也皱纹很少。因此在日本市场上虽有成千上万种化妆品任你挑选，但许多女性都迷上了一种以丝瓜之精华为标榜的"水溶液"。丝瓜水的提取方法是：在每年的9月15日至10月份采集为佳。把丝瓜茎在高出地面60厘米处拦腰切断，使下部分弯曲，切口朝下。取一小口玻璃瓶，将瓶嘴套在丝瓜茎切口上，把瓶子在土中埋入半截，以便丝瓜水通畅地流入瓶内。将提取的丝瓜水放置一夜，再用纱布过滤一下就可使用了。使用时兑点甘油、硼酸和酒精，效果会更好，既增强润滑感，又有灭菌消毒的作用。

运用苦瓜美容法

将苦瓜捣烂取汁，外搽皮肤，可祛湿杀虫，治癣除痒。苦瓜能解毒降火，润滑皮肤。

将几条嫩苦瓜洗净，用保鲜膜一条一条包好，置于冰箱的冷藏室内冷藏15分钟以上；用质地温和的卸妆清洁用品，将脸上的汗渍污垢彻底清洁干净。将冷藏后的嫩苦瓜切成薄片，均匀地敷满整张脸(双眼也不例外)，20分钟后洗掉。具有消炎、爽肤、美白、保湿等功效。

运用南瓜美容法

南瓜能消除皱纹，滋润皮肤。将南瓜切成小块，捣烂取汁，加入少许蜂蜜和清水，调匀搽脸，30分钟后洗净，每周3～5次。

用西红柿美容法

选用成熟饱满的西红柿，洗净后捣烂涂于脸上，这种方法对多毛的油性皮肤效果特别显著。

将新鲜西红柿洗净后，切为四瓣，在泡水饮服的同时取少量西红柿汁水浸湿手绢抹在脸上或热敷，可改善脸部皮肤的营养状况，起到护肤美容作用。

用胡萝卜美容法

胡萝卜有"小人参"之称，含有丰富的胡萝卜素，在体内可转化成维生素A，能预防皮肤老化，所以要多食胡萝卜。将新鲜胡萝卜两个碾碎，拌上藕粉少许，搅匀，洗脸后涂在面上 20 分钟左右，先用温水，再用清水洗净。此面膜含有大量维生素 A 和维生素 C，使粗糙皮肤去皱，变得容光焕发。

将适量胡萝卜磨碎，加入 1 汤匙蜂蜜，再用纱布包裹好，反复揉擦脸部，擦完后过 5 分钟洗掉，每日 1 次，1 个月后可见美容白肤之效。

运用薯片美容法

白薯富含维生素 A，有助于皮肤保持光滑。先把白薯洗净后切成薄片，接着在脸上铺一块纱布，再把薄薯片铺在纱布之上，15 分钟后除去，用清水洗干净。其好处是平衡油脂分泌，减少面部浮肿现象。

运用土豆美容法

土豆泥具有滋润肌肤的作用，葡萄皮具有漂白作用。将蒸熟的土豆研磨成土豆泥，加入鲜牛奶搅拌均匀。将用温水浸软的葡萄皮，用小刀切碎，放入土豆泥中制成膏状物涂抹脸部，可以起到美容作用。

如果坚持经常用熟土豆面膜，不仅能消除疲惫感，还可舒展面部的皱纹。

用土豆泥加柠檬汁能除去脸部疲惫感。将土豆煮熟后捣成泥状，再将一只柠檬的汁挤入其中，调和后均匀地涂抹在面部和颈部，用干净的纱布遮盖 30 分钟后，用冷水洗掉。

如果想使干性皮肤变得柔软且富有弹性，可将蒸熟的土豆去皮后捣烂成泥，将一勺酸奶油调入其中后，敷在脸上 10～15 分钟，再用温水洗净即可。

如果要改善油性皮肤，使其光滑润泽，可在熟土豆去皮捣烂后加入少量燕麦粉，将二者搅匀后，敷脸 15～20 分钟，最后用温水洗掉。

运用辣椒美容法

辣椒除含有维生素 C、胡萝卜素及多种有机酸外，还含有辣椒碱。摄入辣椒碱，能通过强心活血，扩张颜面皮肤血管，改善面部肌肤的血液营养供给而增进美容，令人容光焕发。

用大白菜美容法

将两片大白菜叶压碎，用少许蜂蜜搅匀，用纱布过滤后，早晚用棉花轻轻拍在面上，再按摩数分钟，然后用温水洗脸，不但可清洁皮肤，更能治疗暗疮。

运用菠菜美容法

菠菜含有丰富的铁质以及维生素 A 和维生素 D，新鲜的生菠菜汁每杯只有 14 卡热量，适合减肥者使用。

用西兰花美容法

专家认为蔬菜之中的西兰花含有维持皮肤结实及更新细胞所必需的维生素 A，有助皮肤保持平滑的维生素 C，还含有维生素 B、钾质、钙质等。

运用圆葱美容法

圆葱中富含人体必需的维生素 C 和含有一种抗癞皮症的维生素——烟酸，它能促进表皮细胞对血液中氧的吸收，有利于细胞间质形成，增强修复损伤细胞的能力，使皮肤保持洁白、丰润和光洁。

用黄豆粉养颜法

黄豆粉不仅营养丰富，而且是促进脾脏功能最好的食品，还是养颜佳品。据说梅兰芳早晨常服黄豆茶，中年常吃黄豆粉，作为润喉养颜的保健品。

运用瓜子美容法

葵花子和南瓜子富含锌，人体缺锌会导致皮肤产生皱纹。每天嚼食几粒葵花子或南瓜子，能使皮肤光洁，延缓皱纹的形成。

用核桃仁美容法

核桃、红枣、蜂蜜是人们喜爱的食品，也是健身美容的佳品。冬春季节合理食用这 3 种食品，可使人强身健美，尤其能使女性皮肤红润，富有青春魅力。早晨取 10 克蜂蜜，用温开水冲服；午饭后半小时吃 5 颗红枣；晚上睡前嚼吃几个核桃仁。

将核桃仁 100 克和蚕蛹（微炒）50 克加清水适量，放瓦盅内，隔水炖熟。

每日1剂，20日为1疗程，2～3个疗程后可见明显美容效果。

运用果仁美容法

白果仁所含的白果酸在体外可抑制一些皮肤真菌，故外用可治头面手足多种碍容性皮肤病，并可延缓皮肤衰老，防止皮肤粗糙。将白果仁捣成液状涂于脸上，可使肌肤柔嫩光滑，白皙娇美。果仁中含有丰富的铁质和各种维生素，能强健皮肤细胞，常吃果仁能保持健康美丽。

用白苏叶美容法

鲜白苏叶涂于腋下可去肿瘤，更奇妙的是，干燥、灰黄的皮肤尤其适合用白苏叶美容，富有弹性而洁白的肌肤是白苏叶给渴望美白的人士带来的福音。

运用白芷美容法

白芷叶香色白，为古老的美容中药之一，市场上以其为原料的化妆品和美容品层出不穷，而原汁原味的白芷，其美容效果更为显著。白芷水煎剂对体外多种致病菌有一定的抑制作用，并可改善微循环，促进皮肤的新陈代谢，延缓皮肤衰老。柔嫩的肌肤润泽光滑，滋润的容颜呈现出水一样的灵气。

用白蒺藜美容法

白蒺藜又名刺蒺藜，含有多种生物碱和甙类，有降血压、降血脂等作用，其中所含的过氧化物分解酶，具有明显的抗衰老作用。久服可祛脸上瘢痕，并让肌肤柔嫩润滑。

运用白芨美容法

白芨富含淀粉、葡萄糖、挥发油、粘液质等，外用涂抹，可消除痤疮留下的痕迹，让肌肤光滑如玉。

运用蛎瓜美容法

将牡蛎、土瓜根研为细末，然后用蜜调和。每晚用以涂面，早晨用温水洗去，可以使皮肤白皙。

用青木香美容法

青木香、白附子、白蜡、白芷、零陵香、香附子各 60 克,白茯苓、甘松各 30 克,羊髓 750 克。将以上药物切碎,以酒、水各 250 毫升,浸药一宿,煎至酒水尽为度,滤去渣膏即成,瓷器储存备用。用以涂面,使人面容光泽,润肤防皱,兼治面部色斑等。

运用玫瑰美容法

自制玫瑰洁肤水:将一把玫瑰花瓣(也可使用花朵蔫了的玫瑰)用一小缸开水浸泡,放 2 周后过滤。玫瑰水可用来洗脸,能清洁滋润皮肤。

自制玫瑰护肤液:如果是油性皮肤,使用玫瑰护肤液。将一把红玫瑰花瓣用一杯伏特加或按 1∶1 的比例用开水稀释医用酒精浸泡。2 周后用纱布过滤,盛入小瓶内,盖紧瓶盖,涂在脸上具有美容效果。

运用薄荷美容法

香味浓郁的薄荷被广泛用于美容。将 5 克薄荷叶研成末,用一杯开水浸泡,30 分钟后过滤得到薄荷润肤水,适用于干性皮肤。还能用这种薄荷水制成冰块,每天早晨洗脸后用来擦脸、脖子,起到滋补皮肤、舒展皱纹的作用。

运用桦树叶美容法

桦树叶浸汁对防止皮肤衰老有奇效。将 10 克碎桦树叶,用半盆开水浸泡,再加入少量食用碱,放在温暖处 1 小时后过滤。用桦树叶抗衰汁用于洗脸,使皮肤返老还童,紧绷无皱,还能用来洗头。

用珍珠茶养颜法

珍珠、茶叶各等份,用沸水冲泡茶叶,以茶汁送服珍珠粉。有润肤、葆青春、美容颜功效,适用于开始老化的皮肤。

运用杏仁美容法

将一杯牛奶慢慢倾进盛有已磨碎杏仁粉的碗中,并加入蜜糖一起搅匀,敷在面上,10 分钟后可将其洗去。杏仁含有丰富的植物油,容易被皮肤吸收,使肌肤嫩滑。适合粗糙而干的皮肤。

将杏仁粉 5 茶匙用水调成糊状,加粗盐 1 茶匙,敷面大约 20 分钟。杏仁含健康肌肤所需的维生素 A，能滋养面部，改善暗沉的肤色。粗盐则有磨砂作用，能去掉死皮。

运用银耳美容法

银耳有较丰富的营养成分。据科学测定，银耳含有人体必需的多种营养素，具有润肺、生津、补肾、提神、益气、健脑、嫩肤等功效；银耳中的胶质，对皮肤中的角质层有良好的滋养和延缓老化的作用。因此，常食银耳可使皮肤弹性增强，皱纹相对减少。平常美容可用银耳珍珠霜等护肤剂。

将银耳 5 克浸在 60%的 95 毫升甘油中，一星期后可供敷面用，具有良好的美容效果。

将银耳 50 克熬成浓汁，装入小瓶中储存，倒入洗脸水中十几滴洗脸，每日 1 次。

将银耳熬成浓汁，装入小瓶内冰镇，每次取 3～5 滴涂于眼角和眼周，有润白去皱、增强皮肤弹性的作用，每日 1 次。

将银耳 10～15 克研成末，与 50 克面粉混合均匀，每次取 10 克用水调成糊状，涂在脸上，保留半小时。

将银耳 10～15 克和红枣 10 枚(或枸杞 25 克)加水用小火煎熬半小时，加适量糖服用，隔日 1 次。

运用猪蹄美容法

猪蹄清炖、红烧皆宜。现代医学研究表明，猪蹄中含有数量相当可观的大分子胶原蛋白质，可促使人们皮肤润嫩、丰满；同时，猪蹄中还含有人体必需的多种营养素，如多种维生素和多种微量元素，它们对皮肤亦有较好的营养保护之功。

运用肉皮美容法

多吃肉皮，可使储水功能低下的组织细胞得到改善，同时，人体可利用肉皮中的营养物质原料，补充合成胶原蛋白，然后通过体内与胶原蛋白结合，从而减少皱纹，达到美容。

运用兔肉美容法

在日本，兔肉有“美容肉”的雅称。家庭主妇，特别是年轻女性都喜欢吃这种“美容肉”。究其原因，是兔肉具有含蛋白质多(21.5%)、脂肪少(3.8%)、胆固醇低等特点。营养学家们认为，兔肉是高血压、动脉硬化、冠心病、糖尿病患者理想的美容保健食品之一。

运用火鸡美容法

在肉类方面专家推荐火鸡肉，它不但蛋白质含量高，而且对皮肤、头发、指甲都有益。火鸡比家鸡含有较多铁质和维生素 B，脂肪又少，可使皮肤保持平滑柔嫩。火鸡还含有使肌肉结实的钾质。

运用骨汤美容法

鸡、鱼的软骨富含硫酸软骨素，常食用可预防或减少皱纹。具体方法：取鸡骨汤或鱼骨汤 200 毫升，软骨素散剂 1 克，维生素 A 滴剂 30 滴，调和均匀后温热饮用。单独用鸡骨、鱼骨（特别是软骨）经常煮汤喝，效果也很好。

米汤洗脸美容法

煮大米粥或玉米粥时，取米汤适量涂抹脸部，可使谷物所含蛋白质中的多种氨基酸及其他营养成分渗入皮肤表皮的毛细血管中，达到促进表皮毛细血管血液循环、增加表皮细胞活力的功效。米汤美容术在晚饭后或早餐时均可进行。如没有米汤，用新鲜的牛奶、果汁、豆浆等都可以，因用量较少且操作方便，适宜家庭主妇边做饭边美容，一举两得。

运用栗子美容法

将栗子去壳后的肉捣为细末，以蜂蜜调匀涂面，能使面部光洁舒展。

常用饮料美容法

绿豆有清火漂肤的功能，薏米有去除脸部雀斑、粉刺的功效。将二者洗净加水煮汁后，加适量冰糖和蜂蜜饮用，是营养价值很高的美容佳品。

用粟米粉美容法

粟米粉可以当作爽身粉使用，对皮肤敏感者更为适用。它又可以用作干的洗发剂，粟米粉会把头发中的污垢和头油吸去，用它洗发头发更加清洁。

用苏打粉美容法

将苏打粉和麦糖按 1∶3 的比例，加少许水搅和均匀，便成为清洁面部皮肤的面膜。

使用蜜糖美容法

将蜜糖用少许蛋清混合均匀，涂在面部 30 分钟左右，然后再用冷水清洗，其面部的毛孔便会收缩。

使用菜油美容法

这种普通得很的食用油有多种美容功效，你可以用它来消除面部化妆，它对皮肤有润滑作用。更神奇的是，菜油可以当作护发素，在用洗发水洗头之前，用少量菜油按摩头发，再用毛巾裹头 30 分钟，然后用洗发水清洗，具有护发功效。

用橄榄油美容法

用 6 份橄榄油加 1 份蜂蜜，倒入用空的口红筒内放入冰箱，冷却后便成为润口红。

将橄榄油 20 毫升、1 个生鸡蛋的蛋液、柠檬汁 1 匙混合拌匀，均匀地敷于面部。这种面膜适合在寒冷的早春，面部缺乏油脂的干性皮肤使用。

取 2 茶勺橄榄油加热后，倒入面粉 2 茶勺调匀，再加入蛋黄 1 个。调好后均匀地涂于脸上，15～20 分钟后擦去即可，能滋肤养肤，防止或消除皱纹，适用于皮肤粗糙者。

将 100 克蜂蜜和 60 克橄榄油混合，制成头发营养剂，洗头前半小时抹一些，头发会变得光洁发亮，柔软而滋润。

使用酱料美容法

一种以蛋黄、橄榄油、柠檬汁和醋混合制成的调味酱料是很好的润肤剂。

常用牛奶美容法

牛奶是任何皮肤都适宜的驻颜佳品，它含有丰富的维生素和多种营养物质。1 份牛奶加 5 份冷开水调匀即可涂用。被前苏联高加索人称为延年益寿的酸牛奶，也是一种不可多得的美容上品，它对消除雀斑有奇效。

取一茶匙炼乳、1/4 茶匙精纯级的橄榄油调匀，先涂薄薄一层于脸上，2

分钟后再涂第二层，依序一直涂满第四层，后以湿布沾温水擦净。具有润肤的作用，最适合于干性皮肤。

酸牛奶中的酸性物质有助于软化皮肤的黏性表层，去掉死去的旧细胞，在此过程中皱纹也随着消除了。将酸牛奶、蜂蜜和柠檬汁各100毫克，加5粒维生素E调匀，敷面并保留15分钟，然后用清水洗净。可促进表皮死细胞脱落，新细胞再生，从而达到健美皮肤的目的。

将鲜牛奶50毫升，加入4～5滴橄榄油及适量面粉调匀敷面，20分钟后洗净。长期使用，可增加皮肤的活力弹性，使皮肤变得清爽润滑，细腻洁白。

将酸牛奶和奶油各等份，混合调匀后敷面，保留20分钟后用清水洗净。具有收敛作用，长期坚持可消除面部皮肤上的皱纹，适用于中老年女性或面部皱纹较多的孕产妇。

将变质的牛奶，取半瓶放入脸盆里，用清水冲淡后洗脸，可使皮肤柔软。

用碳酸氢盐和冷牛奶混合后擦在身上，可以防治阳光暴晒和火烤对皮肤的伤害。

连续一段时间只喝牛奶和吃奶制品，对防治粉刺很有好处。

将牛奶和面粉各3匙，与蜂蜜1匙混合调匀，用以敷面，具有营养及润肌作用。

将1匙燕麦粉溶于2匙酸牛奶之中，然后涂于面部，20分钟后用温水洗净，每周1～2次。适用于油性皮肤。

使用燕麦美容法

取一匙已捣碎的燕麦泥用温开水调成糊状，然后轻轻抹于脸上，5分钟后用温水洗去。适用于干燥型皮肤。油脂型皮肤可加入少许食用碱。燕麦泥可使皮肤光滑润泽。

用牛奶冲麦片粥，调成糊状，涂在脸上，保留10～15分钟后用温水洗净，再往脸部轻拍些凉水。

用面包心美容法

吃剩的面包心既可用于护面，又可用于洗发。将柔软的面包心捏碎后加温开水调成糊状，覆盖于头皮上，保持时间越长越好，最后用温开水或冷水洗净。面包心能使头发柔软如绒，乌黑似墨。

运用桂花美容法 取桂花200克、西瓜仁250克、白杨树皮(或橘皮)100克研成粉末,饭后用米汤调服,每日3次,每次1匙。1个月后面色开始变白,50天后手、脚皮肤开始变白。

运用经络美容法 刺激下列经络,有不同的美容效果:刺激肝经可去除雀斑,使灰黑色皮肤变淡;刺激肾经可去除瘦型体质的雀斑;刺激胃经可防治皮疹;刺激三焦经可治酒刺等皮肤疾患;刺激膀胱经可改善皮肤过敏。

指肚弹击美容法 剪去指甲,用十个指肚在脸部似弹琴状轻轻弹击敲打,可以改善皮肤新陈代谢的状态,抑制皱纹和色素斑点的产生。此法比起搓擦皮肤的美容效果更好,甚至因皮肤血液循环加快和局部肌肉的逐渐丰满,可使已有的皱纹消逝。

做简易美容操法 面部活动。将面部洗净,热敷,做颤动性的面部按摩之后用冷水冲脸,然后抹面霜。

眼睛活动。两眼闭紧,停一会儿(数到3),把眼睛睁大;眼睛闭紧,用食指和中指固定眼外角,再睁开;慢慢旋转眼球,先顺时针转,再逆时针转,各转数次。

下颏活动。将胳膊肘放在桌子上,拳头支在下颏部,用头部全力压拳头;嘴里叼住一支铅笔,下颏向前伸,然后用铅笔在空中画圈,先顺时针,再逆时针,反复进行。然后,下颏前伸,头部从一肩向另一肩画半圆(肩别抬起),反复数次。

颈部活动。头部先向左转,然后向右转;闭上嘴,舌头紧贴上颚,慢慢松缓下来;坐直,头部先向右转,然后改向左转,反复进行数次。

用湿热敷美容法 先将皮肤洗净,把一条毛巾叠成几层,用热水浸湿,在脸和颈部敷约15分钟。敷料可用山楂、人参、洋苷菊、鼠尾草、薄荷配制。

常用牙膏美容法

牙膏中含有甘油、碳酸钙、淀粉、白胶粉、水、肥皂粉、香料、杀菌剂、增白剂等多种物质，药物牙膏中还含有某种中西药物。因此，清早起床后借刷牙的机会，取少量牙膏涂擦脸部，然后在洗脸时洗掉，可以去除脸部污垢油腻，削磨脸部细小疤痕，滋补脸部皮肤，达到洁肤、漂白、保健的功效。

仰睡美容法

人侧卧睡眠时，面部皮肤会自然绷紧，容易产生皱纹。而仰着睡觉时，面部的肌肉则是松弛的，有助于消除面部皱纹。如果睡觉不用枕头，效果会更佳。

自制油性皮肤面膜美容法

将酸奶、白脱奶油调匀，作面膜敷面，具有收敛作用，可使皮肤清爽滋润。

将苹果、黄瓜、西红柿等研成泥汁，加藕粉1茶勺一起搅匀，作面膜敷于脸部，有收缩毛孔的作用，适用于油性皮肤、毛孔粗糙者。

将奶粉1茶勺、藕粉2茶勺、水果汁数滴、双氧水数滴和收敛性化妆水数滴一起搅匀，作面膜敷面，有滋肤、漂白、去除黑斑的作用，适用于皮肤较黑者。

自制干性皮肤面膜美容法

将奶粉1茶勺、蜂蜜2茶勺和面粉1茶勺一起搅匀，作面膜敷面，能滋肤、养肤，防止或消除皱纹，适用于皮肤干燥者。

将蜂蜜加等量冷开水，调匀后涂敷面部，有润肤除皱、促进皮肤光洁、细嫩的作用。

将西红柿捣碎后，加入1匙牛奶，若较稀可加点燕麦粉，涂于脸部，干后用清水洗掉，对油性皮肤的保养特别有效。

用3～4汤匙啤酒酵母加水稀释，涂于脸上及颈部，25～30分钟后洗去。

葡萄具有抗氧化功效，不但能净化肌肤，还可软化肤质，增加弹性和光泽。将冷藏的青葡萄捣烂后直接涂在脸部，15分钟后或隔夜洗去，可使皮肤光滑细腻。

自制珍珠芦荟面膜美容法　将2匙芦荟汁，2匙面粉和1.5克珍珠粉搅拌成糊状，均匀地涂于脸上、颈部，当开始干燥时，再涂第二层，20分钟后用清水洗净。能防止皮肤松弛，延缓皮肤衰老。

自制青瓜补湿面膜美容法　青瓜含有丰富的维生素C、氨基酸及黏多醣体，具有镇静、舒缓、收敛毛孔、补湿及美白功效。将切片青瓜冷冻后直接敷在面部及双眼，能收缩粗大毛孔，舒缓过敏、晒后受伤及暗疮的皮肤。将青瓜榨汁敷面，能让护肤成分更易渗透皮肤底层。

自制绿豆粉去疤痕面膜美容法　取绿豆粉3小匙加少许养乐多调成糊状，用指腹由里向外打圈，全脸按摩5～8分钟即可。不但可去角质、消炎、平衡油脂及镇定肌肤，也可改善暗沉肤色，而且可以改善青春痘所留下的痘疤。

自制玉米粉除斑面膜美容法　将玉米粉和麦片粉各1大匙加适量的水搅拌成糊，再加入橄榄油1大匙，调成泥状后敷面20分钟，洗净。可除斑润肤。一星期敷2～3次，对局部斑点可每天敷。

实用瘦身减肥的窍门

饮荷叶茶减肥法　荷叶茶是古代减肥秘方。一种用荷花的花、叶及果实制成的饮料，不仅能令人神清气爽，还有改善面色、减肥的作用。充分利用荷叶茶来减肥，需要一些小窍门。首先必须是浓茶，第二泡的效果不好。其次是一天分6次喝，有便秘迹象的人一天可喝4包，分4次喝完，使大便畅通，对减肥更有利。第三最好是在空腹时饮用。其好处在于不必节食，荷叶茶饮用一段时间后，对食物的爱好就会发生变化，变得不爱吃油腻食物了。

将荷叶15克(新鲜荷叶30克)加入适量的水煮开,每天以荷叶水代茶饮服,连服60天为一个疗程。一般每个疗程可减轻体重1 000～2 000克。夏季采集鲜荷叶洗干净后用来煮粥喝,冬季用荷叶煮茶当饮料喝,可减肥。

饮用绿茶减肥法

绿茶含有减肥健美的功效。因为绿茶中含咖啡碱肌醇、叶酸和芳香类物质,可以增强胃液分泌,调节脂肪代谢,降低血脂、胆固醇。喝绿茶能喝出苗条来。

将1汤匙的绿茶粉加进200毫升的低脂优酪乳中,在三餐前1～2小时服用,就算三餐正常摄取,仍可以减肥。不过建议可以用绿茶优酪乳取代中餐或晚餐,效果较好。

纯柠檬汁与开水1∶1稀释,加入2汤匙的绿茶粉,可于饭后饮用。适合下半身水肿的人,但若有胃病则不宜。柠檬汁和绿茶都是碱性食物,对酸性体质的调整有帮助,可加快新陈代谢,排除多余水分。

将1只苹果榨汁,加少许绿茶粉,早晚各喝1次,最好连苹果渣一起喝,在饭前饮用。适合无法控制食欲的减肥者使用。苹果有丰富的钾,可以缓和过量的钠引起的水肿,还有利尿的功用。苹果还有丰富的纤维质,可以预防便秘。

饮乌龙茶减肥法

乌龙茶可燃烧体内脂肪。乌龙茶是半发酵茶,几乎不含维生素C,却富含铁、钙等矿物质,含有促进消化和分解脂肪的成分。饭前、饭后喝一杯乌龙茶,可促进脂肪的分解,使其不被身体吸收就直接排出体外,防止因脂肪摄取过多而引发的肥胖。

饮枸杞茶减肥法

每日将枸杞30克当茶冲服,早晚各服1次。连服数日,可有明显的减肥效果。枸杞虽是一种药性平和的良药,但脾虚有湿、消化不良及泄泻患者应慎用。

饮山楂茶减肥法

将15克大蒜头去皮洗净,同30克山楂同放砂锅中煎煮,取汁饮服,每日一剂,早晚两次服用。如不喜欢大蒜的味道,只用山楂也可。长期饮用此茶可以达到瘦身的目的,还可降低血脂。若能加入10克决明子同煮,则效果更佳。

饮芒果茶减肥法 芒果富含多种矿物元素及胡萝卜素，营养极其丰富，是降脂减肥的理想果品。可将鲜芒果削去果蒂，连皮切片，以水煎煮20分钟，滤汁，以之代茶饮。也可将芒果洗净取肉，搅汁，盛入瓶内，用开水冲饮。

饮用咖啡减肥法 饭后喝杯咖啡有助于减肥。喝一杯咖啡后，身体处于亢奋状态，就像正在进行一场运动，能促进体内的热量消耗，从而有助于减肥。

多饮开水减肥法 胃的容积是有限的，如果肥胖者每天尽量多喝开水（水的摄入量以感到饱腹感为限），则能减少食物的摄入量，从而达到减肥的目的。适量饮水或适当增加饮水量几星期后，人体膀胱就能适应而增加排尿量，减少排尿次数。这样，肥胖者体内的水分便不会因人体饮水不足而部分滞留以增加体重，体内的脂肪也不会因同样原因无法通过强化的新陈代谢而消耗。

饮用牛奶减肥法 牛奶含有大量的蛋白质及其他物质，营养丰富，含热量较低，可抑制体内胆固醇合成，减少脂肪的堆积，故有益于瘦身。

食枇杷膏减肥法 枇杷富含纤维素、维生素及矿物质，是很有效的瘦身果品。可先将少量冰糖放入沸水中煮化，再将500克枇杷肉加入其中，用文火继续熬至膏状即可，每日当甜点吃。或者将枇杷肉与粳米一起熬粥，作为主食食用。

食花椒粉减肥法 将适量花椒放入锅内炒煳，碾成面状，每天晚上睡前用适量白糖水冲服一汤匙花椒粉。常用此法，有瘦身效果。

运用食醋减肥法

食醋中所含的氨基酸，不但可以消除体内脂肪，而且还可以促进糖、蛋白质的新陈代谢，所以，食醋具有减肥的功能。食醋中含有挥发性物质、氨基酸及有机酸等物质。每日服1～2汤匙食醋，可起到一定的减肥效果。醋的食用方法很多，可以蘸食品吃、拌凉菜吃，也可加在汤里以调节胃口等，还可以用食醋泡制醋豆、醋蛋、醋花生、醋枣等，既可变换口味，又可软化血管，增加营养，利于减肥。

饮食汤汁减肥法

汤可使胃内食糜充分贴近胃壁，增加饱胀感，从而反射性地兴奋饱食中枢，抑制摄食中枢，降低食欲，减少摄食量。汤的质量应注意具有较多的营养成分。若每周坚持4～8次以汤代饭，约10～12周，就能减掉将近20%的多余体重。此法既能收到良好的减肥效果，又不会影响人体对营养的吸收和身体健康。

饮蛋花汤减肥法

蛋花汤配上鸡汁汤料，营养丰富。餐前先喝些蛋花汤可以控制胃口。要做低脂肪、低热量的汤，可用蛋清而不用全蛋，这样一碗蛋汤只含90卡热量和1克脂肪。

饮木耳汤减肥法

将30克黑木耳泡发后洗净，150克豆腐切成片，将豆腐与黑木耳一起加入一小碗鸡汤和适量的清水中炖15分钟，适当调味食用，可降低胆固醇。

饮李子汤减肥法

将李子3粒洗净，每粒都切碎后下锅，放入400毫升水中，沸腾后5分钟，加入适量甘草粉即可。每天下午3时一次喝完，连饮5天，隔几日再饮用。

流质饮食减肥法

流质饮食减肥法是一种不完全饥饿节食法或低蛋白无脂肪饮食减肥法。此方法适用于那些想尽快减肥的一般健康者，需要安静地卧床休息。因为这种减肥法对神经系统血液循环和精神上刺激较大，故每年最多只能使用2次。每次使用1～2周后，慢慢地恢复到按正常食谱进食。

食用水果减肥法

美国一些研究人员最近发现，如果在饭前30～40分钟先吃一些水果或饮用1杯果汁，便能毫无痛苦地降低体重。其原因是，饭前饮用果汁在进餐时吸收的热量比不饮果汁要减少20%～40%，每餐摄取的热量若按这个幅度下降，减肥自然会速见成效；水果含的果糖能降低身体对热量的需求，所以进餐时吃进的食物就会减少。几乎所有实验者在“餐前果”后，进餐时对脂肪性食物的需求都大大减少了，间接阻碍了体内过多脂肪的堆积。

食用香蕉减肥法

香蕉富含碳酸钾，有助于降低血压。在所有的食品中，几乎没有一种只含60卡热量的无脂快餐，能同香蕉一样满足吃甜食者的需要。如果把一个处于冷冻状态下的香蕉和半杯苹果汁混合食用，那么这种仅含120卡热量并且没有脂肪的美味食品，是生活中最理想的健康食品。

食用生梨减肥法

梨如果带皮生食，可以增加人体中的纤维素。一只汁水丰富的梨，只含50卡热量和不到1克的脂肪。

食用菠萝减肥法

每天食用2大片约180克的菠萝，既含有纤维，又完全符合专家所推荐的每日需要的维生素C数量，而且无脂肪。

食用甜瓜减肥法

甜瓜富含胡萝卜素和维生素C，一个小甜瓜所含的胡萝卜素要远远高于一杯橘子汁，所含维生素C相当于一杯橘子汁，而且只含40卡热量和不到1克的脂肪。

食用番石榴减肥法

番石榴除能生食外，还可当蔬菜吃，制成果酱，也可当做零食，含有丰富的维生素C，是非常好的减肥水果。

食用柠檬减肥法

柠檬是一种富含维生素C的营养水果，一般人将之作为美容食品。如果经过合理的调配，柠檬还是一种十分有效的减肥物质。将柠檬连皮一起榨汁，与适量的醋混合拌匀，饭后喝一小杯，就能让人精神焕发，更加美丽窈窕。注意，柠檬与醋的酸度都较高，空腹喝得太多会伤胃。也可直接在1份柠檬汁内加入2份白开水，每日饮3 000毫升，并多运动，使全身出汗。

食用酸苹果汁减肥法

酸苹果汁节食法可以作为其他任何一种节食方法的补充，也可单独采用。营养学家认为，这是一种相当有利的节食形式，因为它可以使肥胖者逐渐消瘦，而对健康无损。此外，酸苹果汁还含有某些对人体有益的重要的金属元素，如钾之类，它们可以消除人体由于缺乏这些元素而产生的基础代谢紊乱。

食用豆芽减肥法

多吃绿豆芽，绿豆芽含水分多，被身体吸收后产生热量较少，更不容易形成脂肪堆积皮下。

食用韭菜减肥法

韭菜含热量极低，却含有大量的植物纤维，能增强胃肠蠕动，减少脂肪的吸收，还有很好的通便作用，具有很好的减肥功效。

食用芹菜减肥法

实验得知，涂了花生酱的芹菜每日早晚各食20克，一周可减肥2千克。因芹菜含水量颇高，且含丰富的纤维和刺激全身脂肪消失的化学物质。

食用黄瓜减肥法

黄瓜是四季常用的蔬菜之一，因其含有丙醇二酸这种物质，能够抑制体内的糖类物质转化成脂肪，从而可有效地减少体内脂肪堆积。

食用冬瓜减肥法

冬瓜含脂肪极少，含钠量低。食冬瓜使饮食减少，从而有助于减肥。正如《食疗本草》中所说："欲得体瘦轻健者，则可常食之，若要肥，切勿食之。"自古以来，冬瓜就被认为是减肥的佳品。经常食用冬瓜，能去除身体多余的脂肪和水分，分解过剩的脂肪，有通便和减肥的作用。

食用辣椒减肥法

美国一所大学进行的研究表明，想减肥的人如果经常食用加有胡椒、辣椒及芥末等的辛辣食物，可使体内新陈代谢的速度提高1/4，加速体内热量的消耗，有利于减肥。一个新鲜辣椒的维生素C，其含量远远超过一个柑橘或柠檬，并含有维生素A等。营养学家认为，一个人每天吃2个辣椒就可以满足人体维生素C、A的正常需要。利用辣椒减肥，是应用辣椒配合蜂胶、柏树芽等各种植物提炼而成的减肥系列用品。通过扩大毛细血管，涂抹辣油及辣椒素，使药液由表及里渗透，结合电脑仪治疗，能促使多余脂肪细胞稀释、软化，排出体外，无创伤，无需节食。

食用土豆减肥法

土豆所含热量低，如果每天坚持其中一餐只吃土豆，或蒸或煮都行，就能有效地减少人体内堆积的脂肪。

食用白萝卜减肥法

白萝卜含有辛辣成分芥子油，有促进脂肪类食物更好地进行新陈代谢的作用，可避免脂肪在皮下堆积。萝卜中脂肪与糖的含量低，坚持每天生吃适量的白萝卜，再配合节制饮食，一段时间后，可以收到较好的瘦身效果。

食用胡萝卜减肥法

胡萝卜富含果胶酸钙，它与胆汁酸磨合后从大便中排出。身体要产生胆汁酸势必会动用血液中的胆固醇，从而促使血液中胆固醇的水平降低。

食用大蒜减肥法

尼日利亚一些学者用油腻的饲料喂养小鼠，经过一段时间后，发现其血液、肝脏和肾脏里的胆固醇含量明显增加。当在饲料里加入一点蒜泥后，它们的胆固醇含量便不再增高。这些学者认为，酶参与脂肪酸和胆固醇的合成，而大蒜则对酶的形成恰好起阻止作用。他们由此得出结论，大蒜可治肥胖症。大蒜能有效地排除脂肪在生物体内的积聚，对脂肪有神奇的减肥作用。因此，长期多吃大蒜能够帮助人体减少脂肪，保持体形苗条。

食用洋葱减肥法

洋葱含前列腺素 A，这种成分有舒张血管、降低血压的功能。它还含有稀丙基三硫化合物及少量硫氨基酸，除了降血脂外，还可预防动脉硬化，对减肥有益。

食用竹笋减肥法

竹笋是一种含蛋白质和纤维素多、脂肪极少的素菜。春、夏、冬季上市时，宜常做菜佐膳，有瘦身、预防心血管疾病等作用。

食用香菇减肥法

香菇能明显降低血清胆固醇、甘油三酯及低密度脂蛋白水平，经常食用可使身体内高密度脂蛋白质有相对增加趋势。

食用海带减肥法

海带富含牛黄酸、食物纤维藻酸，可降低血脂及胆汁中的胆固醇。

食用豆腐渣减肥法

肥胖者应食低热量食品，豆腐渣、萝卜是上选之品，味道鲜，有营养，不仅可减肥，还可降血糖。把一个萝卜及葱姜适量切成末，与豆腐渣 500 克、面粉一小碗放盆里，再打 2 个鸡蛋，加调味品，搅拌均匀，制成丸子，下入烧热的油锅中炸熟即成。

食用豆腐减肥法

将新鲜豆腐冷冻后，便能制成蜂窝状、孔隙多、弹性大、营养丰富、产热量少的冻豆腐。由于冻豆腐内部组织和结构发生了变化，产生了一种酸性物质，所以常吃冻豆腐可以消除人体胃肠道和其他组织器官多余的脂肪，有利于减肥。

用主食减肥法

《本草纲目》云："稻米甘凉，得天地中和之气，和胃补中，亦克厚脂。"在我国南方，主食以米饭为主，大胖子比北方人少。这虽与当地气候、水土有关，但稻米对消除身体多余的脂肪确有一定的功劳。吃大白馒头似乎会令你越吃越胖。在条件许可的情况下，有意识地改变自己的饮食结构，多吃些米饭，对减肥或许会大有益处。

减少面食，改食大米。据测定，每 700 克面粉所提供的热量，与 1 000 克大米所提供的热量大致相等。因此，调节主食品，少食麦面，改食稻米，常食杂粮，可以在不减饭量的情况下起到节食作用。

平衡饮食减肥法

早餐应吃得简单一些，以低脂肪食物为主。如新鲜水果、烤全麦面包、酸奶及鸡蛋、速食麦片等。吃饭越慢，进食就会越少，这样可以避免摄入过多的热量。少食含糖过高、含脂肪过高的油腻食品。多吃粗纤维食品，富含纤维的食品热量低，在胃里占据的地方却比较大，此类纤维还有助于降低体内的胆固醇含量。多喝清汤，以青豆、西红柿等为主的清汤是对人体十分有益的低脂清汤，有助于使你产生饱意，而且热量不高。多食需要反复咀嚼的食品，因为使体内饱腹中枢判断有没有吃饱的信号之一就是咀嚼的次数。多吃豆制品，因为豆制品含丰富的不饱和脂肪酸，能分解胆固醇，促进脂肪代谢，使皮下脂肪不易堆积。

晚上尽量不要吃难消化的食品，因为一般晚上的活动量太小。但也不要急于求成，每天食物的热量低于 335 万焦耳，反而会改变新陈代谢作用，容易增加体重。每周减肥在 500～1 000 克最为适宜。膳食平衡和循序渐进是成功减肥的关键所在。

有人介绍了用十种食物帮助减肥的方法：西芹含热量最低；苹果含维生素和可溶纤维，无胆固醇和饱和脂肪；香蕉含丰富的维生素 C；西柚可溶解体内脂肪和胆固醇；面包要选高纤维全麦的；稻米是牛肉、奶酪热量的 1/3；每日一小杯黑咖啡可消耗 10%的热能；蘑菇热量低；豆腐可取代高脂肪肉类，使体重下降加快；菠菜含铁质，加速新陈代谢。

游泳减肥法

在各类减肥运动中，游泳是值得向大家推荐的最佳的锻炼项目。常游泳的人身材多健美；不会游泳的人，在水里泡泡，打打水仗，对减肥都有些作用。

游泳消耗的能量大。这是由于游泳时水的阻力远远大于陆上运动时空气的阻力，在水里走走都费力，再游游水，肯定消耗较多的热量。同时，水的导热性大于空气24倍，水温一般低于气温，这也有利于散热和热量的消耗。因此，游泳时消耗的能量较跑步等陆上项目大许多，故减肥效果更为明显。

可避免下肢和腰部运动性损伤。在陆上进行减肥运动时，因肥胖者体重大，使身体（特别是下肢和腰部）要承受很大的重力负荷，使运动能力降低，易疲劳，对减肥运动的兴趣大打折扣，并可损伤下肢关节和骨骼。而游泳项目在水中进行，肥胖者的体重有相当一部分被水的浮力承受，下肢和腰部会因此轻松许多，关节和骨骼损伤的危险性大大降低。

可享受天然的按摩。游泳时，水的浮力、阻力和压力对人体是一种极佳的按摩，对皮肤还可起到美容作用。鉴于上述原因，肥胖者确实可将游泳作为自己主要的减肥运动。但在游泳前，必须做好准备工作，同时必须注意安全，防止发生意外事故。

跳绳减肥法

跳绳是一项四肢运动，也是一种有氧运动，运动中的身体各部分增加需氧量，促进血液循环，骨骼、韧带肌肉、神经都在协调锻炼，这样身体可受到“全方位”的综合锻炼，有利于消除身体多余脂肪。只要持之以恒，跳绳可使体型变得窈窕健美。

慢跑减肥法

在运动前，应该舒展身体，做充分的准备活动。开始练慢跑时，运动量要循序渐进，可以采取慢跑加步行交替的方式进行，距离不宜太长。等练了一段日子后，身体逐步适应了慢跑，可减少步行，直到全部慢跑。在习惯了慢跑之后，找到身体不感疲劳的最佳跑步速度。跑步前脚掌先着地，过渡到全脚掌着地。跑步时应保持有节奏的呼吸，开始时鼻子吸气，口呼气，逐渐过渡到口鼻同时呼吸。为扩大肺活量，应用腹部呼吸法（吸气时，腹部隆起；呼气时，腹部凹下）。运动后，应舒展身体，做充分的放松活动；要用热水擦身，不要用冷水；饮水和餐食应该到心率恢复正常水平时。每天坚持慢跑20～40分钟。

步行减肥法　步速应尽量加快，绝不能比散步慢，须特别注意保持步频，一般不应低于1分钟140步。

每次步行可延续至30分钟，脉搏次数在锻炼后应达到平静时的15%左右，体内多余脂肪才可能被有效消耗。

注意步行姿势。头应微扬，上身稍稍前倾，肩膀放松，背部挺直，腹部微收，脚跟先着地，步子尽量轻捷，双臂可呈直角自然摆动，呼吸均匀，精神集中，如能模拟竞走姿势，步态则更好。

慢慢加大运动量(包括时间和速度)。如刚开始第1周每天步行仅30分钟，速度可稍慢。第2周可每天增加10分钟，步频可增加10%；直至一个月后每天可坚持40分钟，步频则增加50%。

如果在一段时间的锻炼后体重减轻仍不明显，那就必须更加坚定信心，坚持下去。半途而废意味着前功尽弃。

散步减肥法　运动生理学家经研究认为，散步虽可减肥，但要掌握时间和频率；吃完饭40～50分钟后，以每秒钟走一步的匀速连行15分钟是减肥最佳的节奏模式。除此之外，若吃完饭2.5小时左右后以略快于前的速度再追加散步6分钟，则体内热量消耗最快，极利于减肥。

仰卧运动减肥法　双腿并拢、伸直，运用腰腹部力量，尽可能使双腿上举，使腰背和臀部离开床板向上挺直，然后慢落，反复进行；双手抱于脑后，身体伸直或屈膝，连续做起、躺动作，反复进行；运用腰腹部力量向上举腿，同时双臂向前平伸屈体，使双臂和两腿在屈体过程中相碰，连续进行。以上锻炼方法可单独或结合进行。共10分钟左右，每周4～5次，坚持3个月，效果明显。

饭前运动减肥法　美国运动医学专家斯坦福教授，通过测定不同时间进行运动后人体代谢率及糖原储量等的变化后指出，饭前运动对减肥效果最为有效，这是因为饭前运动可提高体内代谢率，在运动停止后，代谢率仍处于高水平并继续消耗人体剩余的热量。另外，饭前运动还能降低糖原的储量，可使从食物中摄取的碳水化合物比较容易储存起来，而不转化为脂肪。因此，我们应当把运动的时间安排在饭前进行，以每天清晨最好。

但应该注意的是，每次的运动量以中等以上强度的运动（最大吸氧量50%以上）为宜，否则将达不到预期的效果。

运动臀部减肥法

挥腿。左侧靠近椅子背站立，左手抓住椅子背，这样可使操练方便，此时右腿用力向前、向上、向右摆，做10次。然后移动椅子的位置，并挥动左腿。呼吸要均匀，活动量尽量大，以便使臂部肌肉承担足够的负荷，挥腿范围尽量宽。能使臀部减肥。

跨腿。右侧卧，右臂屈肘成直角，手心向下，左手掌在齐腰处扶地，支撑大腿用力使身体离开地，上体和腿在一条直线上。然后放下大腿，并右侧躺下。重复10次。然后左侧卧，在另一侧做同样动作10次。能使大腿和臀部减肥。

转腿。坐在地上，屈膝，脚绷紧，脚掌尽量靠近大腿。手掌从后面撑地，在该姿势下缓慢地将双膝向左转和向右转，尽量触地。重复10～20次。能使臀部减肥。

用臀部“行走”。坐在地毯上，膝盖伸直，手向前伸展，抬头，伸右手，并以臀部移动带动右腿向前移动。然后用左手和左腿做同样的动作，这样向前移动两三次逐渐加大距离。可使臀部和腹部减肥。

“半小桥”仰卧。手臂沿上体伸直，手掌用力贴近大腿，数1时膝盖向上拨，脚掌不离地，数2时大腿稍稍向上，用头和脚支撑。用力使臀部肌肉拉紧，手贴在大腿上，数3时大腿放下，数4时腿脚伸直，呼吸要均匀。重复10～15次。能使臀部肌肉结实。经过一段时间的锻炼后，再做一些更复杂的锻炼。

持支架。趴在地上，双腿靠拢，抬头，挺背，稍屈双肘，撑地，快速向左转，同时使腿做“立剪刀”动作。用手掌撑地恢复原位，并使双腿靠拢。然后向左做同样动作。在每边重复5～10次。不要屏住呼吸。刚开始做时显得复杂，要做得慢些，使全身参加活动。能使臀部和大腿肌肉变得坚实。

用指压减肥法

在英国伦敦流行着一种最新简易指压减肥术，是英国的富兰克·巴博士经过多年研究推出，既不需吃药，也不用任何仪器，而且随时随地都可以做，只要利用短短的几分钟闲暇时间即可。

饭前指压嘴唇法：将食指按在人中穴的部位，拇指按在上唇的前端，在10秒钟之内，迅速捏30回。此法可控制食欲，使胃部不再有饥饿的感觉。但此法不宜在公共场所做，易引人注目。

避免吃零食指压法：用手的两根手指前端，指压手腕内侧，由拇指下方慢慢移到小指前方，左右手均可。

进餐中指压胃法：用食指和中指的指尖，指压胸骨和肚脐之间的中心点。此法可使胃部充盈，控制饥饿感。在10秒内做30次左右。

消除紧张而嗜吃的指压法：许多肥胖的人，在紧张或压力大时喜欢大吃一顿，此时可用左右两手互相指压，从食指下方一直压到肘关节，可消除紧张情绪，减缓压力，改变因紧张而急欲进食的不良心理因素。

瘦脸减肥法

许多女孩，身材绝对标准，可脸上多出的那点肉实在无处隐藏，苦恼之极。脸上肉乎乎的虽然可爱，但缺乏一种清秀的美。去掉脸上不必要的肉，还你一个美丽俏佳人，不是没有办法的。瘦面就要瘦得均匀，恰到好处。

经常用双手轻拍面部，可帮助皮肤易于吸收乳液，亦可刺激面部，令肌肉更有弹性。

用温水、冷水交替洗面，可促进血液循环，有助于排泌多余水分及毒素。

用盐水洗面可令面部更显细瘦。但切忌将盐停留于面上太久，否则会令面部失去水分。

用双手将下腭如同往上撑着似的往耳朵方向推去，然后捏起脸颊的赘肉，再放松，反复做这些动作，就可以慢慢消除面部赘肉。

用双手采用空手道的动作，贴住脸颊，顺着颊骨轻轻击打。由于能够给予脸颊刺激，所以，可预防脸部肌肤老化，或因发福而形成脸颊赘肉。

脑力运动减肥法

前苏联一位生理学家研究指出，哪怕是最简单的脑力劳动也可引起身体消耗大量的能量。脑力劳动的强度越大，消耗营养物质越多。利用这一原理，产生了用脑减肥法：身体肥胖的人可以通过脑力劳动来使身体变瘦。所以应该多做一些用脑子的事情，如读书看报、绘画绣花、练习写作、演算数学、学习技术、研究学问，每天有一定的时间让大脑紧张起来，不要饱食终日，无所用心。这样既提高了技能水平，又能达到瘦身的目的，可谓一举两得。

冷水擦身减肥法

洗冷水浴或用冷水擦身，可以防止肥胖。这是因为水的散热性高，其热传导率相当于空气的28倍。在18℃的水中每分钟人体要散失20～30卡的热量。洗冷水浴或用冷水擦身，可大量消耗体内热量，有很好的减肥功效。但需谨防着凉感冒。

吹气球减肥法

吹气球减肥法产生于日本，能达到减肥目标的原理，是因为用力吹气球时，用的是腹式呼吸，在吹大气球的同时，体温会随之而上升，所以对促进脂肪代谢有效。但初次试用此方法时，切勿着急，因为可能需要吹三四次才可以把气球扩张至30厘米，所以应以循序渐进的方式去尝试，不要操之过急。先用力吸一口气，收紧小腹，把气球靠近嘴边，然后用力地吹。将气球吹至鼓起30厘米左右，然后放开。每日吹30次左右，可达到收腹效果。

用背棍揉穴减肥法

女性肥胖除表现在腹部外，还表现在后腰处。在人体腰背后脊椎两侧分布着若干个有减肥功效的穴位，平日自己不易按摩。若取一根铁锹柄或拖布柄状的圆滑木棍，放在腰背后面，借助双臂后伸自然弯曲臂肘形成的两个支点，将木棍“扛”在后腰处来回滚动摩擦穴位，既可令前胸挺起，纠正平日含胸驼背的毛病，又能达到减肥的目的。

用干浴功减肥法

干浴功法是用双手干摩擦肥胖部位皮肤，以起到健美瘦身作用的一种方法。该功法若坚持练习，可疏通经脉，增强新陈代谢功能，去除多余脂肪。每日2次，用双手反复擦肥胖部位皮肤即可。

爬行运动减肥法

人自从直立行走以来，脊椎就担负起了全身60%以上的重量，所以它是身体的一个薄弱环节。爬行能使身体重量分布到四肢，减少脊椎负荷，起到防治脊柱病的作用。

退步走运动减肥法

经常进行退步走，可让腰部肌肉保持有节律的紧张和松弛，改善腰部血液循环，瘦腰减脂；同时，还能锻炼后跟腱、小腿与膝盖下肌肉，还可锻炼小脑，增加身体的灵活度与协调性。

赤脚走运动减肥法

赤脚走首先可以释放身体的静电，赤脚走还可以帮助你按摩脚心，要知道脚底被称为人体的第二心脏，经常刺激脚底，可使脚部循环畅通，使身体更加苗条健康。

倒立运动减肥法

长时间的站立易引发内脏下垂、脑部供血不足、静脉曲张等病症，而倒立可以达到预防和缓解的作用，另外它还能改变身体紧张疲乏状态，促进荷尔蒙分泌，使你焕发青春，更加美丽。

雨中行减肥法

下雨能产生大量的负氧离子，雨中行走能让你心旷神怡，有助于调节神经、消除郁闷。

坐姿旋转减肥法

将旋转器放置在凳子上，锻炼者坐在旋转器上。头保持不动，眼睛平视前方，而后腰部做左右扭转动作，两臂可随腰部扭动而自然摆动，做 30 次。能锻炼腰腹部肌肉，减少该部位多余脂肪。

立姿旋转减肥法

将旋转器放在平地上，双脚直立站在旋转器上，身体保持直立状态。只是腰部做左右扭转动作，头部尽量保持不动，目视前方，两臂可随腰部扭动而自然摆动，也可固定两臂，两手抓住物体，腰部做扭转动作。能锻炼腹部肌群，减少腰围，使人苗条。

站姿旋转减肥法

将单脚平踏在旋转器上，向左、右做旋转，两脚交替进行锻炼。能锻炼腿部及脚部肌肉，减少腿围。

提踵旋转减肥法

将旋转器放在平地上，两手扶高凳，身体直立用双脚提踵站在旋转器上，作左右转动，上体应保持不动。能发展小腿及腿部肌群，减轻体重。

蹲姿旋转减肥法

将两足置于旋转盘上，手扶固定物上，取蹲位，向左右转动，下肢协调摆动。能发展下肢与腿部肌肉，减少下肢多余的脂肪。

双手按转减肥法

将旋转器放在凳子上，锻炼者把双手按在旋转器上。双手用力按盘，做相对、相反方向的左、右转动。能锻炼上肢肌肉，减少上肢多余脂肪。

单手按转减肥法

将旋转器放在凳子上，单手直臂或屈臂按在旋转器上，尽量把重力移到旋转器上，以加大压力，然后，用单手做向左、向右扭转，动作要匀速。能发展上臂及手部肌肉，瘦身。

屈膝旋转减肥法

将双足放在旋转器上，屈膝约 120 度，下肢向左右扭转，两臂大幅度摆动，身体协调配合。能锻炼臀部、腹部、腰部肌群，减小臀围、腰围。

缩腹减少脂肪法

许多女性年过 30 岁之后，虽然不至于发福，但是脂肪却已悄悄堆到小腹上去了。其实每天只要很少的时间，就可以使腆出的肚子缩回。打直背脊坐着或站立，缩回腹部，持续大约 20 秒，然后放松。做这项运动时应保持正常呼吸，每天重复做十几次，坚持一段时间即可达到效果。

捏揉减少脂肪法

每天利用早晚卧床时间，用手尽力抓起肚皮，从左到右或从右到左捏揉，然后从上至下或由下至上顺序捏揉，使腹部感到酸、胀、微疼为度，最后再用手平行地在腹部按摩。此法可促进脂肪的“燃烧”，减少脂肪的堆积。

每天早晚卧床休息时，双手重叠绕肚脐沿顺时针、逆时针各揉 60 次，揉时稍用点力。顺时针时由中间向外至整个腹部，逆时针时再由外向中间揉，可达到减少腹部脂肪堆积的目的。

简单的室内瘦身运动法

时年近40岁获得“加利福尼亚女士”的唐娜弗·莱梅女士说:“女人在瘦身时,减体积比减体重更为重要。健美运动能帮助你重新分配身体各部位的重量,增肌肉,减脂肪,是行之有效的瘦身方法。”

颈部运动。分腿站立,头前曲、后仰、复位、左转、右转、向右环绕、向左环绕,循环做4次。

绕臂。分腿站立,两臂上举,向前绕环4圈,向后绕环4圈,做2次。

扩胸。分腿站立,两臂胸前平曲后振、展臂后振,做4次。

体转运动。左右各4次,做2组。

体前曲。8次。

体回环。以腰部为轴,左右各环绕一周,做2次。

踢腿。前后各10次,做2组。

前弓步压腿。左右各4次,做2组。

侧压腿。左右各4次,做2组。

下蹲起立。12～20次。

转足绕手腕。各12次。

仰卧起坐。8～15次,做3组。

俯卧撑。8～12次,做2组。

放松活动3分钟。

每次运动时间应掌握在40～60分钟。

瘦身前最好先称一下体重,瘦身过程中每2周称一次,观察体重的变化情况。如果体重变化不大且没有疲劳感,可适当增加锻炼的次数和组数,并多参加一些室外运动,如慢跑、爬山、骑自行车、打羽毛球、跳绳和游泳等。

运动瘦身只有持之以恒,才能达到瘦身效果。如果三天打鱼,两天晒网,是不可能达到瘦身目的的。同时,瘦身应根据自己的体质,确定合适的运动强度,开始时身体有轻微的疲劳感是正常的。此外,也应该适当控制饮食,才能获得较好的效果。只要有毅力,坚持不懈,在瘦身过程中注意方法科学,就一定能够减少脂肪,获得健美的体形。有增胖趋势的人,从现在起就开始体育运动吧,不要临时抱佛脚。

运动减肥的最佳时间

运动要讲究科学,选择手段、注意方法、抓准时机是很重要的。

夏季是减肥运动的黄金季节。由于天气原因，稍微运动都能够产生不小的消耗，这正是减肥所必需的。

早晨锻炼身体所需要的热量同样是靠体内蓄积的脂肪氧化来提供的。身体肥胖的人正是由于体重超标，体内脂肪堆积过多所造成的，因此减肥锻炼一定要抓住早晨这个黄金时间。

饭前 30～45 分钟运动能减肥，原因在于食欲减退，食量减少。体育运动时，大脑皮质运动中枢和交感神经处于高度兴奋状态，而食物中枢则相对处于抑制状态，消化腺的分泌量受到抑制。

减肥的关键时间是饭后的 30 分钟。首先要做的就是饭后动一动。因为小肠吸收是从饭后 30 分钟左右开始的。而血糖浓度上升，约是小肠开始吸收后的 30 分钟。

饭后整理庭院或阳台。趁整理之便，达到减少脂肪之效。

饭后打扫房间。可以养成习惯。

洗澡加清洁浴室。吃完晚饭休息 30 分钟，好好洗个澡，再把浴室整理干净，两全其美，效果最佳。

夫妻互相按摩。晚餐后 30 分钟，夫妻互相按摩。按摩，是很好的减肥健身运动。

吃饭选较远一点的餐厅。中午如果必须在外用餐，就找一家较远一点的餐馆，走上 15 分钟，吃完再走回来。

饮食改善从简单的做起。如少喝含糖饮料(因其热量比想象的要多)、少吃或不吃甜食等。

细嚼慢咽减肥法

科学家通过实验认为，让肥胖者吃饭时细嚼慢咽，有利于减肥。有些减肥者肠胃的消化、吸收功能较强，因此吃起饭来狼吞虎咽，能以很快速度完成吃饭的任务，无形中增大了饭量。针对这种情况，将进食速度放慢，吃饭时间延长，吃时细嚼慢咽，细细品味食品的滋味，不仅吃相斯文，还可无形中限制进食量，至少比大吃大喝、快速下咽要有所节制，而节制对减肥可起到积极的作用。细嚼慢咽不只是淑女的象征，它确实是一条小小的减肥秘诀。每咽一口咀嚼 20 下，可以更好地体会到吃的乐趣。用餐太快，食物来不及充分咀嚼，而使体内饱腹中枢判断有没有吃饱的信号之一就是咀嚼的次数。如果你吃饭的速度过快的话，明明胃里已经充满了，这种情况却不能及时传达给大脑，导致饮食过量。最好的方法是细嚼慢咽。

饮食时间差减肥法

美国著名医生罗纳尔·卡迪提出:“吃饭时间的选择,对于体重的增加或减少来说,要比人体摄入饮食的数量和质量更重要。”因为人体内的新陈代谢活动在一天的各个时间内是不相同的。一般来讲,从早晨6时起人体新陈代谢正开始旺盛,8～12时达到最高峰。所以减肥者只要把吃饭时间提前,如早饭5点吃,中饭安排在9～10点吃,亦能达到减肥的目的。专家们对要求减肥的人做过试验,发现只要把吃饭时间提前,就可以在不减少和降低食物的量和质的情况下达到减肥的目的。最明显时,一星期可减少1磅体重。这种既简单又方便的减肥方法,不费吹灰之力,肥胖者不妨一试。

食前闻味减肥法

每餐进食前先闻模拟的食物香味约30分钟,将有助于减肥。美国艾伦·赫博士解释说:“实际上,这样做的结果是大脑认为你已经吃过了。”

少食多餐减肥法

每天少食多餐,可以使血液中的糖量保持一定的限度,避免了一次多量进食使血糖浓度骤升,转化为脂肪积蓄起来导致肥胖。试试看每天吃4～6顿小餐,以代替3次正餐。各餐间距平均,以保持血糖稳定,胃口有控制。少吃多餐可以促进新陈代谢,消耗更多热量。每次就餐前至少要喝1杯水。

在还不感到十分饥饿时吃少量食物,可消除饥饿感,又无需像正餐那样进食过多,从而减少一日中食物总摄取量,达到减肥目的。

肥胖者的晚餐不宜过饱,因晚上交感神经抑制合成脂肪的代谢增强,但少量要多餐。空腹时间长,使人合成脂肪能力增强,脂肪的分解力反倒减弱。每日食量相同,餐数愈少,发胖的倾向愈强烈。

绿色减肥法

食用包括全麦谷类食物、高纤维素水果与蔬菜、坚果和种子;用植物油(即花生油或麻油等)来烹调和凉拌食物;用果酱和蜂蜜代替食糖;应尽量少用强烈的香料和调味品,因为强烈的香料可以增强食欲,使人多吃谷类和肉类,对减肥不利;不要吃“加工制造”的食品,如人造乳酪和人造牛油,这些食物纤维素含量很低,对减肥也不利;不要食任何高糖分的食物和饮料,如雪糕(冰淇淋)、糖果、奶油或优质面包、蛋糕等,以及可乐之类含糖量高的饮料。

改变食谱减肥法

若想科学减肥，宜把注意力从限制进食量逐渐转移到改变饮食结构上来。比如平日爱吃零食，则应逐渐过渡到按时吃饭，哪怕按时间少吃多餐，也比无时间限制的乱吃零食强得多。如果爱吃甜食，可将口味慢慢调成爱吃酸的、辣的等各种风味的食品。通过改变食谱，将一些低脂肪、高能量、维生素含量高的食品如精瘦肉、油菜等摆上你的餐桌，除去一些增加脂肪的食品和肥肉等，对你的减肥成功可起到积极作用。

饮食费时减肥法

熘鱼片与清蒸鱼同属清淡吃法，但后者比前者吃起来费事得多。同样，吃雏鸡烹制的烧鸡比吃辣子鸡丁麻烦，吃螃蟹、海螺、蜗牛等风味食品比吃烹炒肉片或涮羊肉麻烦，吃黑枣、瓜子、葡萄、栗子、荔枝等新鲜水果比吃同类罐头食品或果脯麻烦。从上面列出的食品看，麻烦吃的似乎比容易吃的营养更丰富，理应多吃一些。不过麻烦吃的食品因费时费力都有拖延进餐时间的共性，而拖延时间在生理上易产生饱足感，使得进食者费时不少，下肚不多。若配以清淡口味，则可无形中限制进食量，而达到减肥或预防增胖的目的。

少肉多菜减肥法

肉含脂高，尤其肥肉脂含量达 90.8%，故肥胖的人不宜多食。而菜类，既含人体所需的多种营养成分，又富含水分、纤维素，产热少，含脂低。既可减脂，又可排除过多的营养，减肥者宜多食。

少糖多果减肥法

糖多易转化为脂肪，令人肥胖，尤其饱食后食糖更易令人发胖，且过多的糖能长期刺激胰岛素分泌而使功能衰弱，对已衰亡的胰腺倒行逆施将会招致糖尿病及动脉硬化。我国约 30%的糖尿病患者是肥胖者，故糖宜少食。鲜果多含水较丰富，含糖少，含脂低，而所含的人体所必需的多种营养成分和维生素比一般蔬菜高许多倍，肥胖者宜多食。但其中香蕉、苹果等含糖量超过 10%者对于肥胖糖尿病者不宜多食。

孤独进食减肥法

科学研究表明，人们在独自进餐时的食欲比团体聚餐时要差许多，而且团体的人数越多，规模越大，气氛越热烈，越能刺激人体的食欲。为此，对于难以自控饭量的减肥者，若能在家中开辟一个窄小区域单独进食，而且不看书不看电视，不听广播和音乐，在一种安宁的气氛中进食，那么，人体大脑的中枢神经便不至于过度兴奋，食欲就能得到良好的控制。

饮菜花汁减肥法

为了去掉脸上难看的肉赘，可将菜花汁涂在长肉赘的地方，15～20 分钟后再将它洗净，使用几次，就会见到十分明显的效果。

用热水浴减肥法

热水浴不但可以消除身上的污垢，解除疲劳，而且还是一种有效的、简单易行的减肥方法。进行热水浴时，体温逐渐上升，升到 38 ℃左右时人体便开始出汗。出汗可以把大量水分排出体外，同时消耗掉大量热能。期间沐浴者热量的消耗相当于盛夏从事短时间重体力活动所消耗的量，在洗浴过程中，对腹部、腰部、腿部的肌肉不断进行按压与按摩，出浴后还可以做穴位指压，以增强减肥效果。

用蒸汽浴减肥法

蒸汽浴又称桑拿，是一种全身性的理疗方法。与热水浴相比，效果更佳。此法是在封闭浴室中，充入 42℃以上的蒸汽，人置其中，热蒸汽可刺激皮肤的血液循环，促进新陈代谢，体温由于蒸汽热而升高，因而会出大量的汗，这不仅使皮肤中凝结的老化细胞、污秽物质能够随汗水一起排出，而且可以使脂肪得以消耗，从而产生减肥效果。

用热风减肥法

用热风机以每分钟 5 000 升的热风对皮下脂肪层进行波击，使脂肪“燃烧”，进而分解体内积累的过剩脂肪，消耗热能，以达到减肥的目的。

用热泥减肥法

不同的地区采用热泥放置于水缸中，人跳入后坐于热泥中，有的地区将热泥置于特别制作的长方形木箱中，人将头露出泥外，仰卧于泥中；有的地区将精制的热黏土涂遍全身等。但无论采取哪种形式，均会使体表大量出汗，使脂肪燃烧，消耗掉大量热能后，达到减肥的目的。

用发汗减肥法

人体蒸发汗水需要消耗较多的热量，所以出汗可以减肥。沐浴时应把水温调得略高一点，让身体自然出汗，休息几分钟后再洗，反复进行洗浴出汗。水温不要太高，要循序渐进。但高血压、心脏病患者不宜此洗法。坚持每周洗 3 次，适应后再增加次数。入浴前最好喝一杯水，可加速身体的新陈代谢。入浴后 1 小时内尽量不吃东西。选用含有盐和香草成分的沐浴产品，排汗瘦身效果更佳。

用搓盐减肥法

冲凉时，先用粗盐擦遍全身，然后加以搓摩，至皮肤呈现红色为止，用清水冲净，再浸入浴缸内，在 38 ℃热水中泡 20 分钟，加速血液循环，此法对减除腹部的脂肪特别有效。

用手镯减肥法

巴基斯坦女性的体态修长俊美，一位医学博士研究发现，这是由于巴基斯坦女性有戴手镯的习俗。手镯对前臂不断地轻微按压，促进机体代谢和脂肪消耗，自然成了奇特的减肥工具。

用束发减肥法

可以借束发来刺激头发的神经反射点，这些神经反射点连接人体相关部位，加强内脏的作用与加速血液的流动，最终起到增加肌肉活动量，促进燃烧脂肪的作用。

使腿部变细减肥法

从头顶部中央取一束头发，向下拧转，从头顶部的发旋开始，平握拳，约在第 3 根指头正下方的位置，对应的是瘦腿肚、脚的区域，在这个部位将头发绑起。时间以 15 分钟为标准，想要连脚脖子一起瘦的人以 1 小时为宜。

使腰部变细减肥法

在耳朵上方的最高位置处握拳，在中指的第一关节处、第二关节上的部位对应的是瘦腰的部位，将左右两份的头发对称绑起来15分钟。

用空气瘦身法

日本一位美容师成功地研究出一种新的美容瘦身方法，他将其命名为空气瘦身法。让肥胖者穿上一种形态类似宇宙服的充气套装；以自己最舒服的姿势静躺在床上，利用套装内空气压力的变化来分散和消除人体腹部、手臂、大腿、脸颊等处的皮下脂肪。身穿充气套装，本人所承受的压力相当于水深10米的压力，每次受试30分钟。经多次研究实验证明，该方法瘦身效果明显，且使用方便。

用睡觉瘦身法

最新研究结果表明，睡觉也可以瘦身。但必须做一定的运动，使自己具有睡觉都会瘦的体质。只要每天睡前或洗澡前后，固定使自己的活动量达到一定程度，接着好好睡一觉，起床就会有瘦身效果。

先伸展双手向上，用力向上延伸，数20下再放下；接着用手掌拍打四肢肥肉50～100下；侧躺，让腿部缓慢伸直抬高90度再放下，一边各做20次；保持侧躺，脚朝右平放，胸部和头部尽量向左扭，身体好像扭毛巾一样，数20下，以相同的动作换另一边，动作应尽量缓慢、柔和。

用口香糖减肥法

只听说过嚼口香糖能帮助脸部做运动，可把它和减肥扯在一起，好像有点风马牛不相及。可是，最新的一项研究表明，咀嚼口香糖真有可能帮助爱美人士实现苗条身材的愿望。如果一个人除睡觉之外，整天都咀嚼无糖型口香糖的话，他很有希望在一年之内减掉5公斤赘肉。美国明尼苏达州的研究人员通过试验发现，嚼口香糖能促进人体新陈代谢，将热量消耗的速率提高20%。参加这项试验的志愿者是7名学生，在近半小时的试验中，他们先是以每分钟100下的速度一口气嚼了12分钟无糖型口香糖，然后通过向一个仪器呼气，分析所呼气体的成分，从而测定出他们正在消耗的卡路里有多少。分析结果表明，这样的“运动”每小时可以消耗掉70千卡的热量。

用美学元素减肥法

美学生理学是国外最新兴起的交叉学科，主要研究色调、线条等“美学元素”对人体生理的影响。其中有一个观点是柔和低调的深色，如墨绿、深蓝、灰色、咖啡色、土红等，可抑制人体食欲。若使用上述颜色做成的餐桌台布、食品包装袋、餐具可使人体因食欲下降而自我控制摄入量以达到减肥目的。

坚定信念减肥法

坚定自己减肥的决心或集中意念想象自己的体重逐渐下降、体质逐渐增强，能为减肥打下良好的思想基础。若以视觉影响辅助精神作用，如观看健美比赛或图片，去照使自己立刻变得又瘦又高的哈哈镜等，减肥效果更佳。

用色彩减肥法

也许有人认为色彩减肥令人难以置信，但这是有根据的。根据美国色彩学者杰士金所做的实验，取出黄色的橙汁或红色的西红柿汁让人饮用，几乎所有的人都会把它喝光，因为我们对“西红柿汁是红色的”与“橙汁是橙黄色的”确信不疑。若颜色相反就无法引起食欲，同时会感到恶心。这就是为什么色彩和食欲有如此密切关系的缘由。

用化妆抑制食欲减肥法

当你正想减肥，却又抵御不了面前美味食物的诱惑时，不妨马上拿出化妆盒化个妆。因为，在费尽心机化好妆的情况下，你的心理会发生微妙的变化，担心进食会使刚刚化的妆前功尽弃。同时，由于香水味的掩盖，菜肴的香味也会逊色不少，这样你的食欲便可受到抑制。

涂指甲油瘦身法

我们都知道可以从指甲看出一个人的身体状况，与健康有着密切关系的手指和脚趾上有许多穴位存在，推荐缠指胶布的东洋医学研究家就提出了在指甲上涂指甲油可以消除肥胖的理论。做法很简单，只要涂指甲油就行了。但是涂的部位依想瘦的部位而不一样。譬如想减轻全身体重的话，在指甲的新月部位涂；想要瘦腿，在指甲的左半部涂锯齿状等。

用耳环瘦身法

瘦身耳环乍看和普通的耳环一样，其实是利用磁气刺激耳朵上的穴位藉以抑制食欲的瘦身耳环。

我们都知道耳朵上面密布着使内脏正常运作的重要穴位，其中还包括了三个消除肥胖的穴点。其中有一个穴道戴着耳环看起来也不奇怪，那就是位于耳垂上的“胃区”穴。“胃区”穴位大约位于外耳正中央部分，它是控制食欲的穴点。

由于平时戴耳环，如果不是很长时间戴，多半不会感到疼痛。可是瘦身耳环会刺激穴道，所以戴上去的瞬间会稍微感到隐隐的疼痛，但很快就会习惯的，而且戴了耳环之后，如果肚子饿了就可以用力压一下耳环，胃马上就会稳定下来，这样自然而然就减少了食物的摄入；你也可以不用在饿了情况下乱吃一通了，这样也能达到瘦身的目的。

用减肥带减肥法

有一种减肥器具是用布制作的，具体用法是将布带放在盐水中浸湿后，放在身体适当的部位，即多脂肪处，可将多余脂肪吸出。这种方法简便，每天使用10分钟，坚持一段时间会收到良好的效果。

用瘦身贴减肥法

前些年出现的瘦身胶布算是这种贴膜的前身，据称把它缠在手指上，便可让身体不同部位消脂减肥。如今的纤体瘦身贴更隐蔽，创意让人耳目一新，把四方状的膜片贴在臂部、腰部、腹部等位置，即可达到减肥修身的效果，男女皆适用。

中年女性腹部减肥法

女性步入中年，由于生活的压力、饮食不当或者缺乏锻炼等原因，体型会发福，腹部、大腿、臀部等地方会有脂肪堆积。除了必要的锻炼外，应当采取局部减肥。每天睡觉前仰卧于床，双脚并拢，脚尖朝上，将双脚同时抬起，直至头部或接近头部，然后缓缓放至离床10厘米处，做10次，有助于腹部减肥。

中年女性臀部减肥法

双手扶住椅背，一腿向后抬起离地面约20厘米，然后用力后踢，左右两腿各做10次。

中年女性大腿减肥法

双手后背，做下蹲运动，每天50次。

中年女性小腿减肥法

单腿站立，用力踮起脚跟，停留10秒钟后落下，每只脚做50～60次。

中年女性腰部减肥法

仰卧于床，双膝屈曲成直角，然后慢慢直立身躯，然后放下，每天10次。或做扭转运动、仰卧起坐。

用生活细节减肥法

每天三餐定时定量，用小碗、小盘装食物；肚子饿的时候，不进食品店；先用汤匙，慢慢地一口一口地喝完汤(浓汤例外)，再吃其他东西；喝完汤后，最好吃不经油炒的油菜；肉和饭最后吃，而且要小口细嚼慢咽，只吃瘦肉，不吃肉皮；吃有骨头或壳的肉类，吃有刺的鱼，不要只吃绞肉；吃肉丝炒菜类食物，少吃大块的牛排、鸡排和猪排；吃沾了淀粉的油炸食物时，先把外面的皮去掉再吃；只在桌上吃东西，而且细嚼慢咽；吃勾芡汁的食物时，用清水把芡汁冲掉再吃；看电视、聊天时，不要吃东西；吃好了就不要再吃，肚子不是剩菜的垃圾桶，在家不要准备零食；想吃果类，选择水果，而不要喝果汁；接到饼干、蛋糕等食品时，立即转赠给他人；吃东西3分钟后，立即刷牙。

食用高含水量食品。高含水量食品就是水果和蔬菜，其含水量接近70%，人体含水量也接近这个百分比，因此应将水果和蔬菜作为饮食的主要内容。它们将有效地消除体内毒素，从而达到减轻体重的目的。

合理搭配食物。搭配食物的原则是，每餐中只吃1种浓缩食物，使其在胃中停留3个小时，然后尽快顺利地进入肠道；浓缩食品有面包、谷物、肉类、奶制品及豆类等。

正确选择食用水果的时间。空腹(柿子、黑枣等除外)吃水果，不宜与其他食物同食或吃完其他食物后立即食用；挑选新鲜的水果或果汁；选择恰当的食用水果与食品的间隔时间，一般在吃其他食品之前20～30分钟食用水果。

餐后，让碟中留下一两块食物。如果你所点的菜中还剩几块鸡、几根薯条和一点蔬菜的话，挑一样吃下就好了，剩下的还可以打包给家里的咪咪呢。

整天叫着节食是毫无作用的,饥饿只会使你更暴躁。可以少吃多餐,下午3时吃两三块苏打饼干或水果,这会防止到晚上像狼一样扑向饭桌。

早晨记住,喝一杯温开水可以疏通肠道,还可稀释血液粘度、降低血压,同时记住白开水是最好的饮料,每天喝8杯,可加速新陈代谢,最重要的是你的皮肤会一整天富有弹性和光泽。

在购买一些食物和糖果时,可选购小包装或散装。买小包装的食品,感觉自己也小巧玲珑了起来,但是只买一包,决不多买。

最易破坏减肥计划的就是逛超市时。若不想随心所欲,就在购物前吃点东西,特别是在15:00~19:00时,是血糖最低的时候,面对诱人的食物,会让你食欲大增。

以为不吃早餐可以减肥是愚蠢的观念。一顿丰富的早餐会让你一整天都精神百倍。半天不吃饭,只会消耗你的肌肉而不是脂肪,而不稳定的饮食习惯只会产生能转变成脂肪的卡路里,还会使你终日昏昏沉沉。

喝汤和吃水果总是在已经吃饱的情况下又塞进嘴里,这样只会让你的胃不断撑大,接下来的情况是"又胖了"。如果将喝汤和吃水果放在饭前进行,你在用餐时就不会吃得太多了。

虽说一杯全脂牛奶(250毫升)大约有165卡,不会成为致肥原因。但如果天天喝的话,不妨改为喝脱脂奶,因为它的热量只是全脂奶的一半,但钙质与蛋白质却相同。

远离油炸食物,尽量吃蒸或是水煮的食品。因为油腻的食物不仅含有大量的热量,而且也是健康的头号杀手。

对于吃不下的美食,不要存有丢掉可惜的心态,别勉强自己硬吃下去。

每天21:00时后绝不进食。如果你一直有吃宵夜的习惯,尝试以水果、油菜或是高纤饼干代替。记住一餐宵夜的热量储存等于你一天三餐的总和。

请不要以吃东西来抗压,这样不仅不利于健康,而且对于瘦身也是一大阻碍。

谢绝饮料,以白开水代替,因为不管糖分多么低的饮料,热量也是很可观的。

请不要勉强自己断食,或不吃喜爱的甜品,减少次数和分量,才不会产生暴饮暴食现象。

不要在睡觉前吃东西。因为睡觉前吃的东西是不被消化的,非常容易堆积在体内。如果实在肚子饿,就试着喝下一杯富含可溶性膳食纤维的水,会有饱腹感。

都知道甜食含热量高，容易发胖。最好的办法是不买含蔗糖的食物，砂糖尽量用果糖或天然甜味剂替代，果汁以茶替代。

避免口味重的食物。摄取盐分过多的食物也是肥胖的原因。避免过度使用酱油或味精做菜，在外就餐时，选择清淡的菜为主。

快餐多是高热量食品，要少吃快餐。

女性分娩后身体逐渐发福变胖，医学上称为生育性肥胖。最新研究认为，女性突发性肥胖多半是生产后多吃少动埋下的隐患。为此，产后身体健康、会阴无破裂者，24 小时后便可下床活动。产后 1 周后宜适当增加轻度活动，可增强神经内分泌系统的功能，促进新陈代谢和脂肪分解。再加上膳食科学，会吃，善吃，多吃些鱼、瘦肉、豆制品、蔬菜、水果，少吃动物内脏、动物脂肪、甜食、蛋黄等，便可保持婀娜多姿的苗条身材。

不要害怕承认自己肥胖的事实，勇于接受自己、喜欢自己，才能够拥有正确的瘦身心理，做其他各种减肥尝试也才会成功。其实瘦身也是一种习惯，只要坚持，你的身体就会不断地完美。

生活要有规律。不规律的生活方式会令你的生活节奏紊乱，如果用餐时间不规律，极易发胖。调整生活规律是必要的。坚持每天 8 小时左右的睡眠。因为睡眠太多，同样会发胖。

适当的运动可以避免发胖。进行有氧运动可以提高人体的新陈代谢。

养成定时做运动的习惯，但不要太过激烈，或许一些轻松的伸展操，比剧烈的运动容易坚持有效。

运动也应打扮得清爽才有好心情，买一双漂亮的运动鞋和可爱的运动短袜吧，作为你开始或坚持计划的奖赏。

每天爬楼至少 15 分钟，可消除 150 大卡，坚持爬楼梯可增进肺活量，既能锻炼身体，又可减肥。

每天将一盒火柴撒在地上，然后弯腰拾起，腿不能弯曲，这招可以有效地锻炼大腿和腹部，同时可以增进血液循环，提高大脑供氧量。

浴室备一块全身镜子，不是只能照到肩头的镜子，最好可以照到全身，你可以时时检查哪里又胖了。

刷牙时间尽量提前，口气清新会让你抑制住不断吃些零食的愿望。

有条件的话，每天洗个热水澡是最好不过的了，可以松弛紧张的神经。热水浴后 30 分钟是最佳瘦身时机，然后在你需减肥的身体部位以打圈的方式涂按摩霜按摩，每次 20 分钟，不但有润肤作用，还可以有效去除多余脂肪。

缩短午睡时间，尤其是在刚刚吃饱之后。试着和同事、家人讲讲你才听到的笑话调节一下情绪，你们之间的感情也会大大增进。

冬天不可避免得穿宽大的衣服，但是也不要忘记买几件紧身大衣，或者多找些机会露露胳膊、穿穿裙子。展现体形会让你时时提醒自己注意“保持”。

养成每日定时排便的习惯，这样能够让体内的毒素顺利排出。有时候毒素的累积，也正是体重迟迟不降的原因。

掩饰瑕疵篇

扬长避短妆扮的窍门

掩饰脸上半部不美法

眼睛太小、眉型差、额头窄、眼的位置太高有冷淡感、颧骨突出太厉害等，如果戴上了太阳镜，这些缺点就给遮蔽了，给人的印象就是非常甜蜜的了。特别是眼睛位置高的女性，一戴上眼镜就完全没有这样的感觉了。

眉型差、额部窄都比较容易对付。小眼睛的女性，若使眼睛看起来大一些，最好的办法是通过化妆使脸庞瘦削一点。也就是说，以渲影法把面庞表面形状“化”小一点，然后再将眼睛“化”大。但千万不要在眼周涂满了渲影色，或者画入粗粗的眼影线，这样反而变得极不自然。总之，要从脸部整体平衡来考虑。

至于下半部的优点则要充分发挥出来。重点在胭脂和口红，着色时请注意整体协调。

掩饰脸下半部不美法

对于脸下半部不太美妙的情况，可利用掩盖法来减弱其印象。化妆原则为扬长避短。首先是避短，在脸的下半部施用深暗色的渲影色，使它看起来窄些、小些；口红要用和肌肤略近的颜色。其次是扬长，除了这种障眼法之外，还应注意把眼睛化好妆，使它突出，这样人们对下半部的印象也就自然减弱了。

掩饰颊型和腭线不佳法

有的女性眉清目秀，五官端正，可偏偏颊型和腭线不佳，缺少美感，假如她们蒙上一块头巾，把面侧都包了，就美丽得多。因为头巾把颊侧和腭线都遮盖了，于是好看的眼、眉、鼻、嘴的长处都充分显现出来。可是在春、夏、秋三个季节，没有围头巾的必要，那该怎么办呢？方法就是用渲影法把颊和腭突出的多余部分“削”去，以化妆的方法将它的表面积改“小”。还有一个方法就是用发型来遮盖。

掩饰颧骨高法

颧骨高的人，脸部立体感强，富于变化，意志坚强，但看上去冷淡、严厉。可沿颧骨下侧加影色，沿颧骨上侧加亮色，当中涂胭脂。丰满的面颊，脸显得大而俗气，在面颊外侧加纵长阴影，从下眼睑到鬓角加亮色，从面颊当中起，在外侧加纵长状胭脂。

颧骨高的人，宜用深暗色胭脂，胭脂应搽在颧骨上，逐渐向鼻子方向淡抹，不要低于鼻子。腮骨大的人，涂胭脂时范围要大，要从两鬓开始，在半颧骨之下涂成长形。腮骨突出的人，可将胭脂在面颊上涂成略大的三角形，由颧骨到腮骨。不过面颊处色调要略浅，而腮骨处要采用较深色的，这样太大的腮骨会给掩盖住。

掩饰大面孔法

欲使大脸孔看起来小一点，可在化妆时，周围使用颜色比较深的粉膏，脸孔的中心使用较浅色的粉膏，使中心部位看起来明亮一点。

肥胖的脸孔可以用稍浓的胭脂，自鼻翼旁边往后抹，但耳前的胭脂却要薄施抹，令立体感增强，层次分明，面部看上去显得消瘦些，具有青春的气息。

另外，头发要采取将脸包起来的样式，切忌短发；宜采用肩较宽的衣服，切忌窄肩。

掩饰眼下黑圈法

用掩盖力强的脂型明亮粉底，从眼黑圈周围晕开，上面再抹常敷粉底。或采用抑制色涂于黑圈部分，消除阴暗色，而后再用眼明色染于眼下，使之明亮。下眼皮的眼线、眼影稍稍染深些，即可减缓黑圈印象。

掩饰雀斑、凹陷、黑痣法　用比常敷色暗一级的粉底，不但涂掩盖部分，而且匀涂全脸。不用担心脸色会发黑，因为涂在脸上的粉底整体效果还是近于肤色的。有人认为只要粉底涂厚些即能掩盖住，这种方法并不可取。粉底原则上不宜厚涂，涂得过厚容易沾染污垢，对皮肤是很不利的。

用粉底遮瑕疵法　对于有黑斑、雀斑、黑眼圈或青春痘痕迹的人来说，一般粉底的遮瑕力不见得能完全掩饰，若改用遮盖力较好的粉底又嫌过于厚重，此时，不妨借助盖斑膏（遮瑕膏）来呈现完美无瑕的肤质。用法是将盖斑膏轻点在欲掩饰的部位，轻按拍匀之后再上粉底，应注意的是盖斑膏与粉底间要推揉均匀，才不会有明显的遮盖痕迹。如果脸上偶尔冒出一二颗痘痘，仍可用盖斑膏掩饰。倘若痘痘情况严重的话，最好还是不要化妆，让皮肤彻底地休息。不得不化妆时，可改用暗疮膏，它除了有遮盖力之外，更具有消炎的效果，让面疱不致继续恶化。

掩饰及改善粗糙皮肤的窍门

皮肤粗糙的原因不是油脂不够，而是水分不足。经常用清水洗脸洗手对皮肤大有裨益，尤其是河里的无污染的清水，比任何化妆品都好。

有些女性面色红润，但皮肤质地不好，毛孔粗大，显得十分粗糙。造成皮肤粗糙的原因，有些是使用碱性或酸性过强的化妆品，冬季皮肤保护不佳，经常用肥皂洗脸，过久地在阳光下暴晒；也有的是肝脏机能失调，解毒功能不全所致。

通常肌肤表面是由身体分泌出来的以油脂而组成的薄膜覆盖着，通过按摩手段，可使含脂肪和水较少的粗糙皮肤恢复正常的功能，粗糙皮肤自然会得到改善。按摩刺激足部肾经、肝经足部内侧、足部胃经、膀胱经、大肠经、三焦经、小肠经七条经络各三次，可促进皮肤新陈代谢，增强皮肤抗病能力。

将萝卜放在米中同煮，等到饭熟后挑出萝卜食用，或者用萝卜煮粥吃，都能防治皮肤粗糙，使皮肤白净细腻。《食疗本草》中说萝卜“利五脏，轻身，令人白净肌细”。

适当吃些肝、蟹、鸡、蛋、奶制品、西红柿等食品，少饮酒，限制刺激性食物。

要想修饰好粗糙的皮肤，可在刚刚洗过脸，皮肤还潮湿、松软时就搽上化妆水，紧接着涂上油质乳液或油质雪花膏，使皮肤滑润。然后，薄薄地施一层油性强的底色，立即施粉，粉也要用含有油性的。不要像一般施粉那样把粉“拍”上去，而是要用粉扑把粉“按”上去，这样，就可以使粉和皮肤很好地粘合在一起，不仅显得均匀，而且不至于脱落。要想搽好粉，粉扑也很重要，粉扑不干净，粉无论如何也搽不好。所以，粉扑要经常洗，以保持清洁。如果皮肤粗糙正处在发展阶段，应用含有维生素和羊毛脂的软膏，或打底雪花膏交替搽用。这样，可以使皮肤滋润，化妆效果好，保持时间长。

将 1 个鸡蛋、1 汤匙牛奶、1 茶匙蜂蜜混合后敷在脸上和脖子上，等它变硬。先用温水清洗，再用冷水清洗。

先把脸洗净，然后将蛋清涂在脸上，10～15 分钟后用温水洗去，可嫩肤美颜。

将木瓜碎肉涂于脸上，可除去脸上死细胞，使毛孔缩小。

将少许玉米粉和 1 茶匙蜂蜜混合，留置脸上 15 分钟，再用温水洗去。

将蛋清打散，和柠檬汁或西红柿汁混匀，涂抹于脸上。

将奶油和盐相混涂于较大的毛孔上，再用温水和冷水交替清洗。

将脱脂奶粉、盐及水混合成浆状，涂于粗大毛孔上，再用温水冲洗，每周数次，直至状况改善为止。

晚上，在 1/4 杯的甘油中加 1/2 茶匙硼砂及 3/4 杯玫瑰水，完全搅拌后涂于皮肤上，次日清晨洗去。

将鲜酵母饼加上冷而浓的柠檬茶，调成糊状，涂面并保留 15 分钟。这是一种收敛性很强的敷面涂剂。

清洁完面部后，在盛着冷水的小盆中加入一些冰块，然后将冰水洒在面部，以促进毛孔收紧，加快血液循环，从而起到美肤作用。

如果毛孔粗大，可在脸上直接涂敷蛋清，抹匀后，过 10 多分钟，待完全干后冲洗干净即可。或者用适量的绿豆粉加蛋清，调匀后在脸上均匀地涂抹，同样待干后冲洗。

防皮肤变黑的窍门

户外活动防皮肤变黑法

夏天，在露天作业，或在海滨游泳等，皮肤很容易晒得焦黑，用乳液使劲擦身体，可使皮肤变得柔润光滑。在手掌上蘸点乳液，涂在焦黑的皮肤上。在太阳下走一阵之后，皮肤就会因晒伤而发红发烫，晒伤之后皮肤会发黑或留下晒斑。所以，当面孔还在发红发烫时用冰牛奶洗面，然后用干净纱布浸在牛奶中，取出后贴在肌肤上可减缓皮肤的晒伤程度。

只要从事过户外活动，无论日晒的程度如何，回家后应先将全身冲洗干净。以轻松的动作擦拭身体之后，用温水将泡沫冲洗干净，再用冷水冲淋，并可抹些身体护肤品。或用毛巾包裹冰块，冰镇在发热的肌肤上，减缓燥热不舒服的感觉。

并非所有皮肤抗日晒的程度都一样。通常白皙皮肤比深色皮肤更容易被阳光灼伤，依据自己将在紫外线照射情况下停留时间的长短来选择相应防晒指数的防晒品。

紫外线长期照射，会导致白内障或慢性眼炎，甚至眼角膜受损。保护方法是戴上防紫外线滤镜，有透明或深色滤镜片。眼部防晒品和化妆品也能避免眼睛四周受到阳光的损害。

用茶水防皮肤变黑法

皮肤如果呈现较平常黑的现象时，就可以确定此时你的体液已偏向酸性了。这时，请即饮茶。人的体液偏向酸性会使皮肤呈现黑色，而碱性则可使你变白。茶叶内所含有的叶绿体被肌肤吸收，使呈现酸性的体液变为中性。除了养成饮茶的习惯，还可以在洗脸后用冷茶轻拍在面孔上也有效果。当然，在这之后不要忘记用清水再清洗一次面部。

沐浴防皮肤变黑法

皮肤较黑的女性沐浴时应泡到皮肤发红为止。人体的皮肤之所以会变黑，是因为皮肤上的黑色素增加的缘故。而盐分过剩的女性黑色素较多。因此在沐浴时，泡在 38～40 ℃的热水中，浸泡的时间稍微长一点，使身体出汗，从而将体内的盐分排泄到体外。浸泡时间以 20～30 分钟为宜，使皮肤变红为止。要注意的是，这种浸泡应在饭后 2 小时后才好做。沐浴前喝一杯生果汁或生水，可获得更令你满意的效果。在沐浴时，擦乳液效果更好。为使晒黑的皮肤不再干燥，请不要多擦肥皂。

涂擦防皮肤变黑法

用柠檬汁涂擦皮肤，可使较黑的皮肤变白。将柠檬或黄瓜切开，用其切口处的断面涂搽被晒黑的皮肤，可使皮肤尽快恢复原有的洁白和润滑。有时暴晒过度，皮肤的“黑”不退，则可使用具有漂白作用的美容膜膏，每隔两天用一次，很快就能见效。晒黑的皮肤也容易变干，所以，洗后不要忘记搽奶液等，以保持湿润。

掩饰及防止皮肤皱纹的窍门

保湿防止皮肤产生皱纹法

一般肌肤细腻、雪白的女性，皮肤容易生成细小的皱纹。要预防皱纹的产生，就必须保持皮肤滋润。人体有 50%以上是水分，如果水分过少，皱纹就会随之出现，因此要供给身体足够的水分。同时也可以用最简单的办法直接补充水分，用一条湿毛巾盖在脸上，敷 10～15 分钟，使水分渗进皮肤，然后再搽润肤霜。经常坚持，可使皮肤保持滋润。此外，用冷暖水轮流洗脸也可使面色红润，减少皱纹。

经常按摩防止皮肤产生皱纹法

加强面部皮肤锻炼，采用按摩方法以促进皮肤的血液循环，可润滑肌肤，减少皮肤皱纹，延缓皮肤衰老。

经常用冷水洗面，可使面部皮肤的血管遇冷收缩而后扩张，促进皮肤血液循环，有利于增强面部皮肤弹性和光泽，防止或延缓皱纹的产生。

培养好习惯防止皮肤产生皱纹法

使用润滑剂。干燥的皮肤会显得皱纹增多，常用润滑剂虽不会消除皱纹，但可使皱纹不显眼。

面部表情不宜太多。有些女性喜欢做面部大动作来表达自己的感情，如皱眉、挤眼、耸鼻、嘟嘴等，一旦习惯了，就易形成面部皱纹。

节食减肥不宜过分。节食减肥过分，会造成未老先衰。因为突然减少营养，不仅减去脂肪及水分，同时肌肉也会收缩并缺乏弹性，皱纹也就会随之增加。

戒烟有利于减缓皱纹的形成。抽烟的女性皱纹出现得较早。尼古丁能引起毛细血管收缩，导致血液循环不佳，因而长期吸烟者，肤色容易发黄或灰黑。

睡觉时，尽可能仰卧。因为枕头和床垫可使脸部出现皱纹。

夏天出门涂少许防晒油，可防日光引起的皱纹。不要在强烈的太阳光下暴晒，不要长时间冷风直吹面部，不要用太热的水洗面，因为这些都会使皮肤毛细血管扩张及皮肤脱水，容易出现皱纹。

加强营养，多吃些新鲜蔬菜、水果等富含维生素的食物，补充水分，增强肌体健康，保持身心愉快，对防止皱纹也有积极作用。

掩饰面部皱纹法

小皱纹多的女性，应采用使肌肤不易干燥的化妆法。化妆粉仅仅使用在额头至鼻梁一带，且尽量少用，其目的仍是为了使脸部具有光润。这样，小皱纹才不至于过分明显。若较长时间(5小时以上)在干燥的房间内工作，或在强烈的风吹中走动，应充分洗脸，然后使用化妆水、乳液来补充水分，再进行一般化妆。腮红以使用具有鲜明而开朗感的颜色。

化妆遇到脸上有皱纹的部位，若将粉饼垂直地对着皱纹抹涂，反使皱纹更突出。应当改用轻妆淡抹粉底的方法，避免浓抹，这样皱纹就不明显了。

掩饰眼部皱纹法

眼周小皱纹多的女性，用涂厚粉底去掩盖小皱纹，皱纹将更加明显。应当采用乳液型粉底薄涂全脸，在皱纹处以手指尖轻敲，使粉底有附着力地填下去，从而减缓其凹陷程度。而后要突出眼妆，眼影最好用鲜艳的暖色。眼线要清晰，使眼形紧锐。

眼尾小皱纹多的女性，以为只需一般化妆即能掩盖眼尾小皱纹，这是错误的观念。如果皮肤白且小皱纹较多，化妆时易采用白色的化妆品。但是若将皮肤表面化妆成白色，则皱纹内部的黑痕更易觉察，所以应使用浅褐色的化妆法。尽量减少使用一般化妆粉，应采用略有光泽性的化妆法，这样不易使小皱纹明显。最好不要使用以水溶解再用海绵来化妆的粉饰或粉末状的化妆品。宜采用柔和的桃红色腮红，且用量要少，只需略显柔和感即可。

眉形应配合脸部轮廓画出，眉毛应画得略长，太短的眉毛更易显出眼尾的小皱纹。眼影化妆必须配合眉毛的长度，而眼尾部分的眼影不宜使用太深的颜色。面霜状的眼影比粉末状的眼影更能使小皱纹不明显。对于不易掩盖的眼尾小皱纹部分，可以手指推开再以牙签的尖端沾白色化妆品来涂抹，再压进去，如此做完之后再涂一般化妆品。

掩饰皮肤小皱纹法

掩饰颈部皱纹法

脖子周围有很多皱纹的女性，应采用白色的化妆品，并化妆得很薄，然后再以白粉轻拍着化妆。晚间，宜先涂上光泽性的面霜，或用刷子将这种光亮性的化妆品附着于皮肤上，这是一种化妆技巧。脖子周围有许多皱纹的女性，不宜穿着领口开得很大的衣服，较适合穿着高领衣服或使用领巾的打扮。苗条者比肥胖者脖子上更易长出皱纹。因此，可利用服装样式来掩饰缺点，况且，这种方法是很容易做到的。

消除皮肤皱纹法

消除小皱纹的最佳方法是必须充分补充维生素 A 和维生素 E；以按摩或敷面法来促进新陈代谢，同时补给充足的水分。

取 1 汤匙牛奶，加几滴橄榄油和少量面粉，敷在脸部，可消除皱纹，增强皮肤弹性，适用于中年女性。

将鲜蛋清打成泡沫状，敷于脸部，待蛋清变干、皮肤绷紧后，再用浸过柠檬汁的脱脂棉拭净，经常敷用，能使松弛的皮肤收紧，抗皱作用明显。

将猪蹄入高压锅煮到胶状，晾凉后加入一茶勺蜂蜜调匀后涂抹搓擦，能滋肤、养肤，消除皱纹，适用于皮肤衰老者。

掩饰及防治粉刺的窍门

掩饰粉刺法

粉刺，又称痤疮、青春痘，是青年男女中最常见的一种皮肤病。这种病主要是由于青年人进入青春期后，体内性激素水平增高，导致皮脂淤积，堵塞了毛囊，使增多的皮脂不能及时排出所致。此外，胃肠功能紊乱以及平时过多食入油脂、糖类、酒类、辛辣等刺激饮食也与发生粉刺有关。

长有粉刺的人，化妆时应避免采用桃红色或白色，而应使用浅黄色，才能掩饰粉刺的红肿以及挤出粉刺所留下的紫色痕迹。应选用液体状或粉状的清爽化妆品。眼部化妆及口红都应使用鲜明的颜色，不宜浓妆。浑浊的颜色易使肌肤有污黑感，所以最好不要采用。粉刺已消失而留下的红紫色痕迹，在化妆时可先使用比肌肤略白的粉饼状化妆品或粉条化妆品，这样可以弥补麻脸。再使用比肤色略深的化妆品，此时在原先的弥补部分应以化妆品轻拍。宜用清爽色调的化妆品。以眼睛和脸颊、眼睛和嘴唇、脸颊和嘴唇等部位为重点，再加以华丽化妆即可。

长有青春痘的肌肤尽量不要化妆，如果有宴会一定要参加，最好以眼影、口红加强自己脸部的印象就可以了。尽量转移别人的注意力，使他们欣赏自己脸部以外的地方，譬如换个发型、夹可爱造型的发饰或穿鲜艳的衣服等。

防治粉刺感染法

要经常用热水和优质香皂洗脸，把皮肤表面过多的油分及污物去除，保持毛囊的通畅，避免使用多脂的化妆品。每次洗脸后，用柑橘类的皮汁和肉汁搽患部，防治粉刺效果明显，还能使皮肤细嫩。

生了粉刺千万不要用手挤，这在防治粉刺上是很重要的一点。经常去挤，容易使毛孔粗大，弄得不好反而留下疤痕。如果在面部鼻子周围化脓感染，再自己乱挤，有造成严重感染的并发症可能。最好是在刚生粉刺时，在其顶部涂上一点碘酒。

膳食防治粉刺法

饮食方面应限制油腻及甜品，巧克力、花生等亦应少吃，避免辛辣刺激之品，多食蔬菜、水果，保持大便畅通。

将苦瓜 250 克切成丁，加水熬至稀烂，水色发黄，不放盐、糖或油，取汁服用，亦可大量熬制置于冰箱中备用。若以苦瓜的叶、茎捣烂绞汁搽涂，内外同治效果更好。

将红枣 15 颗加水煮，每日分 3 次服完，连服 1 个月，对防治粉刺有效。也可将红枣 10 颗、芹菜 100 克和黄芪 15 克加水煮汤。经常服用，对防治粉刺有显著效果。

用黄瓜、南瓜、胡萝卜、白菜、卷心菜各适量，洗净切片，用盐腌 6 小时后，加食醋凉拌佐餐，坚持日久，可减轻面部的色素沉着，对于防治粉刺也有效。

药膳防治粉刺法

将枇杷叶 15 克、桑叶 15 克和竹叶 10 克加水煎服，每日 2 次，可用于防粉刺。

取丁香、白蒺藜、白芨、白僵蚕各 90 克，白芷 30 克，白茯苓、白附子各 15 克。将皂角 3 只去皮，与上述各药共研细末，和匀，常用以洗脸，脸会变白，同时脸上的黯色和粉刺也会消失。

涂洗防治粉刺法

将芦荟 10 克研成细粉，加入白凡士林 100 克中搅拌均匀后待用。用热水洗净患处后涂搽，1～2 周见效。

将南瓜藤 150 克和豆腐 50 克一起捣烂后挤汁，涂于患处，每日 1～2 次，可用于防治粉刺。

将半杯鲜牛奶煮沸，待其温热后用棉花蘸着涂于脸上片刻，牛奶渗入毛孔后，使得黑头粉刺软化，再用清水洗去，轻轻地将黑头粉刺挤出。

将蛋清搅拌呈松软泡沫状，加入半个柠檬与适量玫瑰水，轻拍于脸上，静等 30 分钟后用温水冲洗，可用于防治粉刺。

将珍珠粉 4 克和鸡蛋清少许调匀，涂于面部，15～20 分钟后洗掉。

取 75%的酒精 50 毫升加入氯霉素注射液 20 毫升，充分混匀，避光密封备用。用时先用温热水洗脸，再用棉球蘸药液涂患处，一日 2～3 次。

将嫩皂角刺 30 克加食醋 100 克煎浓去渣，取其汁涂拭粉刺、疱癣患处。

将面部用温水洗净，把马应龙痔疮膏直接涂于患处，每日 3 次，症状严重者同时服用四环素、三黄片或大黄苏打片。

将橙核适量晒干研细末，临睡前取少量该粉用水调匀后涂抹面部，隔日早晨洗掉。

将白芷 10 克加水煎 2 次浓缩取汁 10 毫升，加醋 10 毫升混合，每日外搽 2 次。

外用硫磺洗剂，有去脂、消炎及剥脱堵塞物的作用，每日 2～3 次，宜在洗脸后使用。秋冬季节用药后，皮肤可能有紧绷的感觉，则可在硫磺洗剂内加 20%的甘油。

取等量的大黄、硫磺研末后用浓茶汁调和，涂擦患处，可治粉刺。

将强的松片研末，与药物牙膏拌匀，温水洗脸后涂之，一日 4～5 次，7 天后就能去除脸部粉刺。

将枇杷叶适量煎汤，每日 2～3 次洗面部患处。

将鲜牛奶加热，渗入少许柠檬汁，用棉花蘸着涂于脸上，干后用温水冲洗。适合油性皮肤护理与粉刺的防治，还有助于皮肤的增白。

玫瑰花的香精是名贵的香料，其花入药可有疏肝及美容作用。采玫瑰花瓣浸入醋中，静置一周，取其滤液，加入适量清水即成美容液。用此液早晚洗面擦颈，可以美容洁肤，治疗粉刺、面疮，久而久之可使皮肤细嫩、洁净。

如果想尽快治愈粉刺，又不伤害皮肤，可将一茶匙食盐、半茶匙白醋放入杯中，再倒入半杯开水，将其搅匀，溶解后可用棉球蘸之清洗面部，只要坚持每日一次，一段时间后见效。

取白僵蚕、白蒺藜、丁香、白芨各 90 克，白芷 30 克，白茯苓、白附子各 15 克。将皂角 3 只去皮，与上述各药共研细末，和匀，常用以洗脸，脸会变白，同时脸上的黯色、痤疮和粉刺也会消失。

取马齿苋每次 15～30 克，每日 2～3 次煎汤外洗。

贴敷防治粉刺法

将大白菜叶洗净后平摊，用酒瓶轻轻碾压，直到将菜叶制成网糊状，然后将叶片轻轻揭起覆盖在脸部，让叶片的养分充分浸透到皮肤的毛孔内，并且每 10 分钟更换一次，只需坚持数日，不但可治好顽固的粉刺，而且还可起到美容、使皮肤保持娇嫩的作用。

将椰菜叶在热水中浸泡 45 分钟，然后放在脸上，30 分钟以后再用冷水洗脸，有改善粉刺和红症之功效。

青年人经常会由于油脂分泌过多而使面部生粉刺，用西红柿来治暗疮会收到不错的效果，只需在榨好的西红柿汁中加入柠檬汁和酸乳酪，将它们搅拌均匀，敷在脸上，便可令皮肤保持干爽，消除粉刺。

将冰片 50 克、食盐 1 汤匙和 2 个蛋清调和均匀，涂敷面部有消炎止痒杀菌作用，特别适用于长有粉刺的人。

将少许密陀僧研成粉末，用人乳调匀，每晚睡前敷涂脸部，第二天清晨洗去，连续1个月左右，即能治愈粉刺。

熏蒸防治粉刺法

据说我国古代美女西施、杨贵妃所用的美容膏大多为猪油配制。由此可见，家用的新鲜猪油是极好的美容品。将新鲜猪油涂抹在洗净的脸上，然后用水蒸气熏蒸。若没有蒸汽美容机，可用一个大碗倒入沸水，将浴巾连头带碗一起蒙住，让碗中的热气直扑脸部，熏蒸5～10分钟，揭下浴巾后面部皮肤又白又嫩，且可防治粉刺。

按摩防治粉刺法

将麦粉、蜂蜜加1个蛋清制成浆液，涂于脸上按摩10分钟，再用温水冲洗。将干麦片加水混合，用以敷脸，特别是鼻及双颊容易产生粉刺的部位。几分钟后用毛巾慢慢擦去混合物，并以冷水冲洗。混合物可除去油污和毛孔中的脏物，有清洁肌肤的作用。

每晚洗脸时在温水中加入3～4滴蜂蜜，边洗边按摩，洗按5分钟，让皮肤充分吸收，最后用清水洗净。坚持1个多月，粉刺可以消失，皮肤也会细嫩起来。

掩饰及防治雀斑的窍门

掩饰雀斑法

雀斑是皮肤上浅褐色或暗褐色斑点。雀斑多生于面颊暴露部位，有碍容貌美观，往往引起青少年患者的烦恼。为了使长出的雀斑不再增多，必须使用防晒的基本化妆品，颜色采用与肌肤略同的明亮色，使脸部整体化妆得略带暗色。选择比以往用的色暗一级的粉底，即可有效地掩盖雀斑，效果明显。宜选用鲜明的桃红色系列腮红，而且化妆应具有华丽感。由于干燥性的化妆法容易造成雀斑浮现，所以要采用具有润泽性的化妆法。经期前后容易出现雀斑，此时应使用比肌肤颜色略深的化妆品。眼部化妆必须具备华丽感，应使用桃红色或紫色的眼影。嘴唇与眼部化妆为重点部位，才可使他人的注意力移至眼睛和嘴巴处。

预防生雀斑法

每日洗脸时，在水中滴几滴醋。

每天坚持用淘米水洗脸，可预防雀斑的生长。因为淘米水中所含的维生素B、E可保持肌肤的滋润。用洁面乳洗脸后，用淘米水按摩肌肤3分钟，再用温水清洗。可感到肌肤细滑而滋润。

坚持按摩皮肤，按摩是增强皮肤抗黑色素能力、促进皮肤复原非常有效的手段。

每周可做1～2次漂白敷面，对沉淀的黑色素可起到一定的中和作用。

经常使用含营养素的化妆品，如营养霜、营养蜜等，使皮肤表面形成一层薄薄的保护层，使皮肤增加抗黑色素沉着的能力。

雀斑是一种色素代谢障碍性皮肤病，虽然不痛不痒，但影响美观。雀斑与日光照射有关，夏季紫外线强烈使雀斑加重，颜色加深，数目增多，因此要减少阳光的过度暴晒。春夏外出前最好涂上含有“紫色素吸光剂”的化妆品，如防晒霜、防晒水、防晒蜜、防晒油等。

避免疲劳过度，要有正常的生活规律，注意劳逸结合。充分的休息会增强皮肤抗紫外线的能力。

膳食防治雀斑法

保证皮肤的足够养分，多吃一些含维生素C的食物，会促使皮肤黑色素消失，使皮肤逐渐还原。维生素C在一定程度上能抑制色素沉淀，当人体中的维生素C含量不足时，就会加速色素颗粒的形成，故而长雀斑者可多食用一些维生素C含量丰富的食物，如甘薯、白菜、甘蓝、雪菜、辣椒、芹菜、韭菜、西红柿、苹果、梨、葡萄中维生素C的含量较多。维生素C可促进皮肤白嫩，具有防止褐斑、雀斑的作用。另外，每日服3次维生素C，每次300～500毫克，有利于控制雀斑加重。

擦洗防治雀斑法

将新鲜采摘的一把蒲公英花放入茶杯中，倒满水，待冷却后将杂质过滤，然后用泡过的蒲公英花早晚各洗脸一次，坚持用这种方法洗脸，可令脸部皮肤清洁，少患皮炎，并使雀斑变淡。

将适量的香菜洗净后加水煎煮，用香菜汤洗脸，久用见效。

将黄瓜切开，用其断面擦脸，可用于防治油性皮肤的雀斑、色素沉着和额头、眼角皱纹，还有滋润皮肤、延缓皮肤衰老之功效。

取50克珍珠（先入），白附子、白茯苓、白僵蚕、白扁豆、白芷、白蔹各15克，一同煎水洗脸，每天1剂，早晚各1次，可防治面部雀斑、粉刺等。

将白术放入白醋中浸泡 7 天，每天洗脸后，用白术浸泡过的醋液擦拭面部雀斑，持之以恒，对雀斑有减淡、消退功效。

将新鲜茄子切片，用来擦拭雀斑处，每天 3～5 次，只要每日坚持，持之以恒，就会收到理想的效果。

将柠檬片放入酒内浸泡一夜后用来擦面，皮肤会光滑，皱纹也会减少。

取 30 克柠檬研碎，加硼砂末、白砂糖各 15 克，拌后装瓶封存 3 天，每天早晚取少许，加温水洗患处 5 分钟，经过一段时期后雀斑可隐退。

将一个新鲜的西红柿洗净后绞汁，加入一匙甘油，搅匀后以这些混合液洗脸，每日可洗 2～3 次，然后用清水洗净，再涂护肤霜，便可起到消除雀斑的作用。

取梅肉、樱桃枝、猪牙皂角、紫背浮萍各等份研细末，用热水洗脸后，倒些药粉在手中，用水调匀，揉擦面部，直至有微热感为止，然后用毛巾擦净。也可再涂点普通面霜。经过一段时间擦洗后，雀斑便会消失。

涂敷防治雀斑法

柠檬汁中含大量维生素 C，而维生素 C 可以抑制黑色素的形成。可取 1 个柠檬榨取汁液，在汁液中加糖，使之成为胶状，用小毛刷蘸着涂于雀斑上。

将 20 滴柠檬汁混入盛有 2 匙胡萝卜汁的杯中，搅匀后，均匀地涂在脸上，每天 2～3 次，30 分钟后洗掉，再涂一些护肤霜即可。

用蛋清加 5 滴柠檬汁调匀，敷面 15～20 分钟，再用清水洗净，可使皮肤润白，减淡雀斑色素。油性皮肤适宜采用此法。

要想清除脸上的雀斑，如果是在春季，可在每日将脸洗净后，抹上几层柠檬汁和黄瓜汁，保持 40～50 分钟后再用清水洗净，涂上护肤霜，只要坚持涂抹 20 天便可见效，且对皮肤增白亦有显著作用。

将新鲜的胡萝卜捣碎滤汁，早晚各取 10～30 毫升搽脸，待干后再用手轻轻拍打脸部，即可起到防皱、除雀斑的功效。如坚持每天喝一杯胡萝卜汁，效果更佳。

将新鲜干净的草莓放在器皿中捣汁备用。把脸洗干净后，将草莓汁搽在脸上，10 分钟后再洗去。不但可以使皮肤洁白、细嫩，如坚持长期使用，还有助于防治雀斑。

将捣烂的冬瓜与蜂蜜调匀后备用，经常用它涂搽面部，不仅对面部皮肤可起到保护和滋润的作用，而且有助于使雀斑颜色变淡甚至完全消退。

将冬瓜仁（去壳）和桃花各 50 克一起研细末，加蜂蜜调匀，涂于面部，每日数次，可消除面部雀斑。用冬瓜子研膏做面脂，可消除雀斑、蝴蝶斑。

将洗净的香芹菜绿叶切成碎末，放入一茶杯酸奶中混合，放置 2～3 小时后即可使用。只要坚持每天 2～3 次将这种糊状物涂抹在脸上，静躺 30 分钟左右，最后用清水洗去即可。但在脸部敷上这些面膜后不宜讲话，以免妨碍吸收。

如果家中有盆栽的金盏花，可取其花叶洗净后将花叶捣烂，取汁涂抹在脸部，这种方法既快又有效，不但可消除雀斑，还能令皮肤清爽和洁白。

将柿叶烘干后研成细末，调入凡士林或雪花膏中涂用，或用柿叶煎水，搽于面部，可防治雀斑。

将研为粉末的朱砂与蜂蜜各适量调匀，晚上涂面，次日早晨用水洗去。

将白附子、硼砂、石膏、白僵蚕各 10 克，滑石、丁香各 3 克，冰片 1 克，研为细末，每晚睡前洗脸后，取少许药末加少许水调匀，搽雀斑处，隔日早晨洗净，坚持数月见效。

桃花的美容作用，主要是因为含有山柰酚、香豆精以及维生素 A、B、C 等。这些物质能扩张血管，疏通脉络，润泽肌肤，使促进人体衰老的脂褐质素加快排泄，可预防和消除雀斑、黄褐斑及老年斑，其中所含的大量维生素 A、B、C，可通过皮肤的吸收防止皮肤干燥，增强皮肤的抗病能力，从而防治皮肤病、脂溢性皮炎、化脓性皮炎、坏血病等，对皮肤大有裨益。将桃花去杂质后阴干，捣为细末，用蜂蜜调为膏状，每晚涂于面部，次日早晨洗去。将桃花捣烂，敷于面上，久而久之，既可祛斑，又可令颜面皮肤润泽光洁、富有弹性。

取双氧水 2 份、牛奶 1 份、面粉 3 份，搅拌均匀，做成敷面膏。敷用时避免触及眉毛、睫毛，可去除脸上的雀斑。

将香白芷 30 克研细末，用蜂蜜 50 克调匀，装瓶备用。每晚洗脸后搽在面部，早晨洗去，3 个月后雀斑即可消除。

液氮喷雾治疗雀斑有效率在 80%以上。轻者喷 1 次，重者喷多次。每个星期 1 次。雀斑被喷后先变白，后微红，6 小时后变黑，数日后脱落，不会留下疤痕。此法应在医生指导下进行。

贴膜防治雀斑法

用无花果或黄瓜汁液再加适量面粉，调成面膜敷于脸上，不仅可以保养皮肤，还可除去斑点。如长期早晚使用珍珠霜润肤，可消除或减轻斑点。

苹果所含化学物质有除皱纹、消除死皮、防治面斑、暗疮、粉刺作用。把苹果制成面膜外敷，有除皱纹的功效。制作过程是把一个去皮去心的苹果，加少量的牛奶煮软。注意，在第一次使用前先在一小块皮肤上试用，看是否有过敏反应。长期使用可以促进皮肤的新陈代谢。

药膳防治雀斑法

取20克当归，赤芍、生地、桃仁、红花、牛膝各10克，川芎13克，柴胡6克，甘草3克，煎服，有活血、化淤、祛斑的功效。

按摩防治雀斑法

找一只小杯，先倒一些珍珠粉在容器里，再配以少量牛奶混合调匀。为了使敷在面上的珍珠粉不至于脱落，可在其中加一点蜂蜜，量不要太多，否则会使珍珠粉在脸上涂抹不均匀。然后用温水清洗面部，将调好的珍珠粉混合物均匀地敷在脸上，雀斑处多按摩一会儿，以促进血液循环，也促进皮肤对营养物质的吸收，这对祛斑很重要。20分钟之后用温水洗掉。每晚临睡前做最好。

晚饭后洗过脸，不要抹香脂、香粉，将一粒5毫克的维生素E胶丸用针刺破，挤出其液体，放在掌心，揉匀后，在面部雀斑处反复擦拭按摩片刻，每晚坚持一次。雀斑轻淡稀疏者1～2个月、重者3～6个月即可见效。同时，维生素E还能促使面部皮肤滑润、洁白，延缓面部衰老起皱。

掩饰及防治黄褐斑的窍门

掩饰黄褐斑法

黄褐斑又叫蝴蝶斑，是一种常见的色素沉着性皮肤病，一般多见于女性。化妆可以遮盖黄褐斑，使其不那么显眼。一般化妆时，对于有黄褐斑的部分应使用能强调颜色的基本色彩（绿色或黄色），然后再使用比肤色略深的化妆品，这种化妆品最好是采用防止晒黑的成分。宜用鲜明的红色或桃红色的腮红，不宜使用浅黄色或褐橙色，因为这两种颜色较接近褐斑的颜色。不可利用发型来掩饰褐斑，应以眼睛和嘴巴作为化妆重点来吸引外界的注意力，这样即可使别人忽略了褐斑。脸部的黄褐斑可用近于褐色的粉底霜来掩饰，淡褐斑可用油性白粉底涂抹，再扑些粉，最后涂上稍深于肤色的粉底。另外，直接使用效果较好的遮盖霜也能取得遮盖效果。值得一提的是，化妆品中的颜料和香料有可能对黄褐斑不利，所以，香水和胭脂等要慎用。

预防生黄褐斑法

黄褐斑多分布于面部，颜色时淡时深，有的则呈蝴蝶状分布于面颊两侧。引起黄褐斑的因素很多，怀孕的女性及服用避孕药者，常常会出现这种褐斑。不过一些不属这两种情况的人也会出现，可能与雌性激素刺激黑色素细胞、黄体酮过剩有关。患有慢性妇科疾病，如痛经、月经不调、泌尿系统疾病等，患有慢性肝炎、肝硬化、肺结核等，也会出现黄褐色斑，有的人则因缺乏维生素A、维生素C及烟酸所致。黄褐斑的发病与色素沉着，往往与发病者的休息及精神状况有明显关系。一般说来，睡眠充足、精神愉快者色浅，反之则色深。精神忧郁、熬夜、疲劳等，可使色素明显加剧。休息不足导致肾阴不足，易产生色素。生活有规律、精神饱满者，其肤色多有光泽，较少出现色素斑等。有些人随着年龄的增长，原本洁白细腻的面部会长出一片片褐色的斑片，常为对称性的黄褐色或淡黑色的色素沉着，甚至布满整个面部，令人烦恼。有效的预防方法是避免阳光长时间直射，减少紫外线对皮肤的刺激。多吃富含维生素C的食物，用按摩或面膜美容法促进皮肤的新陈代谢。另外，黄褐斑还与神经因素有关，为此而苦恼、恐惧反而会使病情加重。

膳食防治黄褐斑法

将红枣10个和切成块的半只乌骨鸡加水适量，炖熟，调味服食。

药膳防治黄褐斑法

坚持用柿叶泡水代茶饮，可用于防治黄褐斑和女性妊娠斑。

将白芷30克和鲜桃花250克浸泡在1 000克白酒中，密封一个月，滤去渣滓，早晚各服一次，每次10～20克，可用于防治面部黄褐斑。

取香附、赤芍各20克，丹参、枸杞子各15克，当归、女贞子、熟地各10克，用水煎服，每天1剂，10剂为一个疗程。一般一个疗程后，面部黄褐斑就会消失或褪色。此方无任何副作用。

将鸡血藤30克和鸡蛋2个加清水500克同煎，蛋熟后去壳再煮片刻，煮成一碗后加入白糖少许调味，喝汤吃鸡蛋。

涂敷防治黄褐斑法

将鸡蛋3个放白酒里，密封浸泡4～5天，取出蛋清涂于脸上有褐斑的地方，可除斑，也可减少皱纹。

将鲜柿叶90克、鲜杏花90克、鲜桃花90克和补骨脂30克共研细末，每次取药末适量，加麻油调匀后涂患处，次日洗去。每晚1次，3周为1个疗程，连用2个周期，对消除面部黄褐斑很有效。

贴面防治黄褐斑法

将纱布浸入过氧化氢100克兑2～3克氨水的溶液中，然后取出贴在面部的斑点上。贴时，不让纱布接触头发、眉毛，坚持每天贴15～20分钟，可消除面部黄褐斑。斑点多时，要吃柑橘、柠檬等含维生素C较多的食品。

防治老年斑的窍门

膳食防治老年斑法

许多老年人的体表，尤其是脸部和手背处布满了点点斑点，这是体内自由基作用的结果。人体内的自由基是一种衰老因子，它作用于皮肤，引起“锈斑”。而生姜是除“锈”高手。生姜中含有多种活性成分，其中姜辣素有很强的对付自由基的作用。实践证明，饮用生姜蜂蜜水一年多，脸部和手背等处的老年斑会有明显改变，或消失，或程度不同地缩小，或颜色变浅，而且不会有继续生长的迹象。取适量鲜姜片放入水杯中，用200～300克开水浸泡5～10分钟后加入少许蜂蜜搅匀当水饮。

涂敷防治老年斑法

用芦荟鲜叶汁早晚涂于面部15～20分钟，坚持下去，会使面部皮肤光滑、白嫩、柔软，还有治疗蝴蝶斑、雀斑、老年斑的功效。

维生素E可延迟老年斑出现。从食物中获取维生素E比服用药物安全合理，效果更佳。经常搽涂维生素E霜，可使老年斑缩小、变薄，颜色变浅。

按摩防治老年斑法

用拇指和食指捏紧患部向上提拉、放松，使老年斑周围皮肤充血呈紫红色为止。然后每天用手指轻轻按摩老年斑局部，次数不限。

拍打防治老年斑法

双手交替互相拍打手背，每次3～5分钟，既可预防，也可治疗老年斑。

防治皮肤上斑点的窍门

涂敷防治黑斑法

将一根新鲜的黄瓜洗净后放在器皿里捣烂，将汁液滤出。把脸洗干净后，轻轻地将黄瓜汁抹搽在脸上，很快就可产生一种凉爽滋润的感觉，对防止皮肤干燥十分有效。如果皮肤干燥，可在每天早上洗脸前，先用10～15克的牛奶与30～60克的黄瓜汁混合涂搽脸部和颈部，待15～20分钟后再用水洗去。坚持1个月后，就可显现出使皮肤变白、消退黑斑的功效。

将冬瓜去皮切片，放入适量酒和水在锅内煮烂，滤汁后加白蜜500克，熬成膏状，常以此膏涂面，可除面部黑斑。

取蜂蜜、燕麦粉各3汤匙，再加1汤匙玫瑰汁，调匀后敷在脸上，可去除脸上的黑斑，并使皮肤光润。

以药膏维生素A的去黑斑效果最好，只需每晚睡前将药膏涂抹在脸上即可，但要注意用药期间不能在阳光下暴晒，否则会加速黑斑的生长，出门前一定要抹上防晒霜。

在适量的双氧水中加入面粉或杏仁粉（也可加蛋清或蛋黄），搅拌成糊后敷在脸上，然后再在脸上盖热毛巾或用红外线灯照射，以加强效果。

皮肤晒黑后，可通过漂白恢复原来的样子。漂白面孔不需每天进行，只要一星期一次。将3汤匙面粉、1个柠檬的汁加适量水调成糊状。将此糊状物均匀地涂在脸上，但眼睛及眉毛周围、鼻孔与嘴唇周围不要涂。然后盖上一层纱布，仰卧（也可取半仰卧位），20分钟后洗去脸上糊状物，再涂上一些乳液。

面膜防治黑斑法

将杏仁(或李子仁)用热水泡后去皮、捣碎,用鸡蛋清调成面膜,每晚临睡前做面膜一次,过夜,第二天早晨再以温水洗去。可祛除面部黑斑,减少皱纹,滋润皮肤。

避热防治黑斑法

热是刺激黑色素生成的重要原因,所以应尽量避免接近热源,平日用蒸脸法美容的时间不要太长,次数也不能太多。经常在厨房的家庭主妇,在做完菜后最好洗一下脸,不要让油烟长时间停留在脸上,因为油烟中的脂肪酸经过阳光照射后,极易长出黑斑。

膳食防治黑斑法

不要摄取含有人工食品添加剂的食物。健康人的内脏会维持代谢正常,让黑色素顺利排出。而食物中过多的人工添加剂会造成内脏的负担,造成黑色素沉淀,形成黑斑、雀斑等。

芹菜、香菜、胡萝卜等感光性强的蔬菜尽量少吃,以免刺激黑色素加快沉淀。西瓜、甜瓜、哈密瓜等维生素C含量丰富的水果则应多吃。柠檬汁加冰糖食用,是由于柠檬汁中含大量维生素C,而维生素C可以抑制黑色素的形成。

将1个洗净的鸡蛋浸入500克优质醋中,一个月后,蛋壳全部溶解,每天用醋蛋液10克调凉开水1杯服用。具有润肤祛斑、保持皮肤健美的功效。

健康人的内脏会维持代谢正常,让黑色素顺利排出。而食物中过多的人工添加剂会造成内脏的负担,造成黑色素沉淀,形成黑斑、雀斑等。

杏花具有补中益气、祛风通络、美容养颜的作用,它的美容作用与其含有抑制皮肤细胞酪酸酶活性的有效成分有关。用其花制成的护肤用品,能有效地抑制粉刺和黑斑的产生。

防治汗斑法

汗斑在医学上称花斑癣,是由一种特殊的花斑癣菌所引起的,多发生在脸部、背部、颈部、上臂及大腿等多汗部位。

将250克硼砂、2克老姜片研成粉末,用水调匀,连续擦拭患处,几天便能去除汗斑。

脸上生了汗斑,坚持用牙膏洗脸,可渐渐消除。

将硫磺50克捣成粉末,用生姜切片蘸硫磺涂擦患处,每天2～3次,在较短时间内可根治汗斑。

将大苏打(晶体)溶入温水(比例约为 1∶3)中,然后用棉球蘸着擦汗斑处。每日 3 次,连续 10 天左右即可消除汗斑。

用 10%冰醋酸或 3%克霉唑软膏或癣敌软膏外擦。

用 5%新洁尔灭 4 毫升,加入 75%酒精至 100 毫升外擦,每日擦 2 次,可迅速痊愈,擦药前最好先用热肥皂水洗去患处鳞屑。换下的内衣、内裤、床单、被单、枕套等要煮沸消毒(不能煮沸的化纤衣料可在阳光下暴晒消毒)。为防止短期内复发,擦药时间需持续 2 周以上,必要时擦药 4～6 周。皮疹消退后遗留下的色素沉着或色素减少,常需经过 8 个月至 1 年的时间才能消失,不必担心。

防治晒斑法

多晒太阳的皮肤易出现斑点,若将牛奶涂在面部,轻轻按摩,可使皮肤收缩。再用柠檬片敷面,一星期后,斑点会逐渐变淡。也可用黄瓜捣碎拌上米粉、蛋清擦几次,斑点便会逐渐消失。

夏天如对皮肤稍有疏忽,就会被强烈阳光灼伤形成晒斑,这时可在盛有 2 汤匙西红柿酱的容器中,再加入 4 汤匙新鲜的西红柿汁,搅拌均匀后,涂抹在晒斑上,大约 30 分钟后再洗掉,晒斑就会减轻。坚持做,几天后可令晒斑越来越浅。

防治色斑法

将适量的糙米泡入水中洗一遍,倒掉第一遍水,再加水用手轻轻揉搓,将这些淘米水加入到 1.5 倍的温水中,洗清面部,并反复从鼻梁外向四周轻轻按摩,最后再用清水清洗一遍即可。因淘米水有助于加快皮肤的新陈代谢,所以如能坚持经常用淘米水洗脸,可有效地抑制并消除色斑。

将 3 个新鲜橘子洗净,去皮剥成小瓣,并放入果汁机中榨出汁,盛入干净的杯中备用。另将洗净的胡萝卜 2 根削去头尾,切成长条状,榨出汁后倒入盛有果汁的杯中,搅拌均匀后饮用。常饮对于消除色斑效果不错。

脸部有黑白斑迹,可用 20 只白果去壳研末,放入淘米水中,连洗 7 天,不但可除斑迹,还可使皮肤细嫩。

晚上用红萝卜汁加牛奶涂在脸上,第二天早上洗去,坚持下去,不久可有效。

掩饰及防治眼部不雅的窍门

掩饰眼睛浮肿法 眼睛皮下脂肪较多的人，化妆时可在上眼皮的中央涂以稍浓的眼影，周围的眼影则描淡些。眼影颜色以棕色为佳。描眼线就沿上眉毛轮廓细细地画，并要画成自然的曲线，这样可以掩饰眼睛浮肿的缺陷。

闭上眼睛，用浸泡过温和收敛性化妆水的面纸盖住双眼，休息 10 分钟后取下。如果只用冷水拍洗脸部，然后就涂上粉底或灰褐色而有掩饰效果的化妆品，那只会更显现眼部的浮肿。

眉形上应做些修改，以直线眉最好，或是尽量放低眉峰的高度；眼影选择深色系，涂满整个眼盖，并加浓中央部分的色度；眼线画粗一点，特别要强调上眼线；粉底的颜色要比肤色深些，唇部用鲜明色调的口红，好将别人的视线从眼部转移到唇部。

冰敷防治眼睛浮肿法 避免双眼浮肿的最佳方法就是晚上有充足的睡眠，尽量避免在睡前喝大量的水，特别是酒精类饮品，或是一些含咖啡因的饮品，如咖啡、可乐。如果睡醒后双眼浮肿，可将一块冰用纱布包好，敷于眼上，几秒钟后浮肿便会消失。

按摩防治眼睛浮肿法 牛奶具有收紧肌肤的功效，若早晨起床发现眼皮浮肿，可用适量牛奶和醋加开水调匀，然后在眼皮上反复轻按3～5 分钟，再以热毛巾敷片刻，眼皮瞬即消肿。

掩饰眼袋法 眼袋突出的人下眼睑下垂，脂肪堆积，使人年龄感上升，缺少生气。掩饰时，可将眼影色宜柔和浅淡，不宜过分强调，一般应选用咖啡色和米色。上眼线的内眼角略细，眼尾略宽，下眼线的内眼角描画略宽并向下画，眼睛中部宜平直，忌描画成弧形。

化妆时用暖色粉底调整脸面的肤色，使眼袋部位的肤色与脸面协调，切忌在眼袋处涂亮色，否则会使之更明显。另外，适当加强眼睛、眉毛和嘴唇的表现力，转移别人对眼袋的注意。

预防产生眼袋法

在睡觉前尽量少喝或不喝水，可预防出现眼袋。

每天斜卧几分钟，以便逆转重力的牵拉，同时又可增加头、面部血液循环，改善皮肤的营养。

年轻女孩下眼皮出现浮肿，那只是肌肉肥厚松弛造成的假眼袋。荷尔蒙分泌不足是原因之一，故平时要想办法使荷尔蒙分泌平衡。摄取维生素E是很有效的，不妨多吃一些香蕉、芝麻、豆芽等。

眯眼运动防治眼袋法

眯眼运动能消除下眼睑下垂引起的眼袋。先将嘴张成O形，然后迅速眯起双眼，保持3秒钟，随即睁开，重复数次。开始时每天练10次，以后逐渐增至每天100次。一般经过2周的眯眼锻炼即可见效。

敷贴防治眼袋法

切两片经过冷冻的黄瓜片或两块棉花蘸满冷水敷贴眼部，可加快眼袋消除的速度。

每天晚上临睡时，用维生素E胶囊液涂在下眼睑上，并进行按摩，可消去眼袋。也可把脱脂牛奶放入冰箱冰镇，再用棉片浸冰镇后的脱脂牛奶，敷在眼皮上，每天早晚2次，每次10分钟，可消除眼袋。还可把冷毛巾和热毛巾交替敷在双眼上十多分钟，再用冰毛巾敷一会儿，可除眼袋。

轻拍防治眼袋法

将手涂上油脂，轻轻地拍打面部，眼睛周围的皮肤应重点轻敲。避免对下眼睑的皮肤随意牵拉或将其向外拉伸，以防形成下眼袋。

按摩防治眼袋法

按摩对去除假眼袋和黑眼圈也很有效。其做法是闭上双眼，用湿热毛巾敷双眼5～10分钟，再用指头轻按眼角、眼睑中央及眼下3秒钟左右，如此重复6次。

掩饰黑眼圈法

在有黑眼圈的地方抹上盖斑膏掩饰发黑的部位，然后再扑粉上妆即可。

眼圈发黑时，应选用比肤色略深的粉底，这样能使肤色、眼圈部分颜色更协调匀称；眼影应用高亮度的暖色调，腮红也应选用粉红色或橙色等明亮色系；嘴唇要画出清晰的唇形和涂上鲜明色调的口红。

化妆时选用遮掩力强的遮瑕膏涂于眼下黑圈处，然后再抹粉底，最后修妆时可涂少量的珠光粉，能使肌肤看起来柔润、光泽，另外，将上、下眼睑的眼线和眼影画得深一些，将睫毛染得浓黑突出，将眉毛修饰得漂亮而生动等，就可以转移人们的视线了。

如果眼角没有上挑或下搭的趋势，画眼圈时就要顺其自然。如果眼睛不太大，下眼睑线只要画出半个就行了。

贴敷防治黑眼圈法

睡眠严重不足或肾脏状况不佳者，通常会出现黑眼圈和眼皮浮肿。当然，随着年龄的增长，正常的皮肤组织松弛也会出现这种现象。据说，新鲜的苹果片、草莓汁有消肿的效果。如果眼睛充血，不妨用新鲜的黄瓜汁或小黄瓜片盖在眼睛上 15 分钟。保持充足的睡眠和有规律的生活习惯，避免过度劳累能有效地预防黑眼圈的产生。

晚上用极薄的猪肝敷于眼部 10～20 分钟，有消除眼部肿胀和黑眼圈的效果。然后隔晚用 1 个鸡蛋的鸡蛋清、纯正蜜糖 1 茶匙、牛奶 1 茶匙、菊花粉 100 克，调成糊状，敷于整个眼部，会起到消除皱纹、紧肤、润肤、洁肤之作用。

将一个新鲜的土豆去皮、洗净，用榨汁机绞碎成泥，敷在眼睛上，10 分钟之后用清水洗净。这种方法对于淡化黑眼圈有明显的效果，还有助于使眼部周围的肌肤柔嫩而富有光泽。

挖取西红柿肉，搅拌均匀后敷在眼睛上。约 10 分钟后用湿毛巾擦掉。由于西红柿中含有丰富的维生素 C，不仅可改善黑眼圈，同时还可以抗老化。但在挑选西红柿时，应以熟透的为佳。

出现黑眼圈，是因为眼部血液循环不畅引起的，而洋芋中有活血成分，利于淤积物的吸收。所以不妨切一片洋芋敷在眼睛的周围，可除黑眼圈。

取新鲜苹果切片，身体躺平，闭上眼睛，在两眼上各放置 1 片苹果，然后放松一会儿，可消除黑眼圈。

眼圈发黑时，可用半个新鲜的柿子敷在眼部，可减轻、消除黑眼圈的症状。

用脱脂化妆棉蘸少许鲜牛奶，贴在闭合的眼睛上，化妆棉稍干，换另一块，经过3～4 次，可除黑眼圈。

要想消除黑眼圈，可以用一块纱布蘸上茶叶水敷在眼上。也可用两个茶包（茶叶包在纱布中）在冷水中浸透，仰卧，闭上眼睛，两眼皮上各放置一个，15 分钟后取下。

按 1∶1 的比例将冰水和全脂牛奶混合，把棉花在混合液中浸湿，然后将浸湿的棉花敷在眼睛上，约 15 分钟后取下即可。

长期睡眠不足与过度疲劳都会产生黑眼圈，蛋白质缺乏、营养失调也可使眼圈发黑。因此，除避免过度疲劳以及需早起早睡外，还需多食用大豆、蛋、乳制品等食物。

美发护发篇

选择适合自己发型的窍门

圆形脸者选择发型法

圆形脸的人，通常会显得小孩子气，所以发型不妨设计得老气一点，头发要分成两边而且要有一些波浪，脸看起来才不会太圆。为了使脸庞显得较长，应该加重头顶的分量，两边则加以削薄。也可将头发侧分，较短的一边向内略遮一颊，较长的一边可自额顶做外翘的波浪，这样可以加强脸的长度感。轮廓宜蓬松饱满，耳前发区头发宜长而多，发梢向前颊前倾，前额的头发宜多留。此外，应注意尽量不要留刘海，否则会使脸看起来更圆。

长形脸者选择发型法

长形脸的人，适合留较长的发式，前穗和两侧头发也略长些，用前穗头发遮住前额，前顶部头发不宜高梳，应向两旁分散，以增加头部的宽度，缩短其长度，充分表现出丰满的面部轮廓。发式为长发童花式较美，也可采用 7：3 或更偏分的头路，这样可使脸看起来较宽。前额和耳前头发留长、留多并削薄，轮廓宜平伏。

方形脸者选择发型法

方形脸的人，适合留中分头路的短发，前穗略短不宜多，顶部要高而蓬松，两侧适合贴服向后梳。或者两侧及后面可做波纹，左右两颊垂发应成波状。要尽量体现出丰盈的发波，使之把方形脸的四个棱角遮住。轮廓宜蓬松，耳前发区头发宜厚而不长，使发梢向两颊前倾，前额头发则宜稍长。

椭圆形脸者选择发型法

椭圆形脸的人，其发式采用中分头路，左右均衡的发型最为理想。如果是长椭圆形脸，可将脸部两边的头发梳蓬，能使脸看起来宽一点，留刘海能缩短脸的长度，最重要的一点就是发型自然松散，发卷要起到减少脸的长度而加强脸的宽度的效果。

三角形脸者选择发型法

三角形脸的人，其发型最好将头发向上后梳成宽型，而在颈后留一点头发，使下巴看起来不会太宽。也可按 7∶3 的比例来偏分，使额部看起来宽阔。发型以波浪或发卷增加头顶的分量来达到均衡的效果。

倒三角形脸者选择发型法

倒三角形脸的人，由于脸颊至下巴的线条是倾斜的，因而必须注意头发的长度，假如头发的长度仅蓄留至耳朵的旁边，则更强调了脸颊的倾斜感。头发应以 4∶6 偏分法来使额部显得小一点。发型要造成大量的发卷而蓬松，并遮掩部分前额。轮廓要丰满，前额要自然大方。

脸型大者选择发型法

脸型大的人，应尽量采用以头发短而密贴脸部边缘的形式为好，绝不可采用蓬松或大波浪的发型。

脸型小者选择发型法

脸型小的人，以中等长度且具有蓬松感的卷发垂于脸部周围为佳。不宜将头发密贴于脸部或蓄留直线型的长发。只有自然的略带蓬松感的发型才会使脸型显得大些。

脸颊松弛者选择发型法

脸颊松弛的人，发型在某种程度上能弥补脸颊松弛下垂的缺点。比如梳成向上的发型或在头上打着结的发型等。在头顶上打结的发型采用向前方或侧面有着圆润鼓起的发型，或者头发上方有蓬松感而侧面卷起的发型等均适宜。

颧骨突出者选择发型法

颧骨突出的人，给人正面的印象即有细长感，因此，长发或短发均适合于这种脸型。但是，较适宜采用的是直线形的发型或蜷曲梳起的发型而使面部更加显明。

额头狭窄者选择发型法

额头狭窄的人，若想掩盖狭窄的额头，则可采用直线形的娃娃头发型。一般来说，额头狭窄的人，长头发会显得很多，因此，必须注意不宜使头发过分膨大。

额头略圆者选择发型法

额头略圆的人，无论是中间分头路，或是往后梳的发型，或是旁分的发型，均适宜采用。有些人自认为是突额，因而留了前发来掩饰额头，其实，只有露出额头才能使脸部化妆显得更具魅力。

宽额头者选择发型法

宽额头的人，宜将前额的发梢从中间分向两边，以自然的波浪线条来遮盖过分宽大的额头。

额头太低者选择发型法

额头太低的人，前额最好不要有头发或留刘海，发型的线条力求简单和长发、短发都很适宜。

额头太高者选择发型法

额头太高的人，刘海是解决额头太高最有效的方法，发型设计时可剪中长头发向后梳，使头发注意力由前额分散到整个头部；或把头发梳成大波浪，尾端蜷曲，也不失为一个较好的补救办法。颈后及下巴留有头发能够均衡额头的缺陷，如果要分边，一定要边分，不可中分。刘海斜覆额前会较好。

小鼻部位横方向较宽大者选择发型法

小鼻部位横方向较宽大的人，脸部周围的头发必须具有柔和感，且应使左右两侧不平衡，即应能使脸部产生阴影的发型最为恰当。

段阶鼻型者选择发型法

段阶鼻型的人，头发应有柔和的外形，即应适合采用以头发密贴脸部的发型，这样才能显示出柔和感。

鼻子过高者选择发型法

鼻子过高的人，在设计发型时应将前额头发往后梳，两颊及下巴头发带微微的波浪较为适宜，如果留刘海则刘海要多。两边的头发尽量靠脸部，头发不要中分，因中分时分线与鼻线连在一起反而加强鼻子突出的缺陷。

眼睛细小者选择发型法

眼睛细小的人，可选用自然垂下的发型，即让前发垂至眼睛上的童花头为其特色。这种发型与率直地显露整个脸部的发型相比，至少是这双小眼睛就不再引人注目了。

眼皮浮肿者选择发型法

眼皮浮肿的人，在做发型时，可将前发做高或将侧发部分略蓬出，这是一种有量型的发型。长方形的发型能自然地弥补这种眼睛的缺点。

眼尾吊高者选择发型法

眼尾吊高的人，不宜剪成鲜明的发型，而尽量采用柔和的发型，才能产生柔和感。

眼尾下垂者选择发型法

眼尾下垂的人，发型也应有适当的变化。譬如，想要维持柔和感的人，应采用弯曲的发型；而想要有活泼的妆扮时，则应剪成短发且发端必须明显地垂下。

双重下巴者选择发型法 双重下巴的人，最好采用清晰的短发式或非洲型的卷发。中等长度的头发或向内侧卷起的发型都会使双下巴更引人注目，所以不宜采用。

新月形下巴者选择发型法 新月形下巴的人，应避免直线形的长发。较适合采用以发尾向外卷的发型或整个头部具有蜷曲的华丽发型。

短下巴者选择发型法 短下巴的人，在发型设计时要注意下巴处的头发尽量柔和与蜷曲，发型简单，头发中分，让注意力分散到整个脸部比较好。

宽下巴者选择发型法 宽下巴的人，在发型设计时应注意以下巴线为起点，发型尽量简单清爽，前额要有些花样以减轻对下巴的注意力，头发千万不要往后梳，以免将凸下巴更暴露出来，留刘海是最有效的办法。

下巴长者选择发型法 下巴长的人，应该选择弧式发型，将头发从头顶正中分开平直下梳，两侧头发紧贴面颊，前面略长于后面，发梢超过腮颊约 4 厘米，并往内勾。

脖颈短粗者选择发型法 脖颈短粗的人，宜选择顶部蓬松向上的短发发型。即使留长发最好不要过肩。可将头发自然向后梳理，后发际线底边可剪成“6”形。这种发式从正面看上去，脖子能显露出来，不会给人造成脖子短的感觉。如果实在要留长发，就要留长垂至肩膀，并将左右任何一侧的头发露出到面前来掩饰脖子短粗的缺点。

脖颈细长者选择发型法

脖颈细长的人，宜选择两侧头发略蓬松的发型，最好在头发的尾部做出大的波浪花样，使颈部轮廓饱满起来。

肥胖者选择发型法

肥胖的人，不宜采用中等长度的发型，可采用短发型。蓄留长发也可，但要避免采用风吹时就会往后飘动的发型，因为这种发型会产生蓬松感。侧面应略短而头顶略鼓高且前面部分有弯曲状的短发，也可采用衬托脸孔轮廓的发型。

身材纤细而脸部较丰满者选择发型法

身材纤细而脸部较丰满的人，在发型方面无任何困扰问题。但脸部瘦小的女性必须采用丰满感的发型。如卷毛的短发型或往后垂下的长发等均适宜。不宜采用紧贴头部而具结实感的发型。

瘦高体型者选择发型法

瘦高体型的人，应选择长发式或中长发式。选用短发式就会使人显得更瘦长而破坏匀称的比例。

身材太高者选择发型法

身材太高的人，不宜采用隆得很高很有分量感的发型，应是近乎垂直且短而整齐的发型。

体型较矮、较胖者选择发型法

体型较矮、较胖的人，留长发式就不合适，这样会给人一种下坠的感觉，显得更矮胖。矮胖的女性适宜梳短发或高耸发式，这样会显得挺拔舒展。若是身材矮小、面庞又大的女性，则需使头形变小，所以应选择使头发与头廓贴合的发式。如果想留较长的发式，可将两鬓的头发全部向后中央梳理，扎一发束，可在发束上扎一条发带或其他装饰。这条发带的位置可略高些，以造成一种向上的感觉，使矮体型人显得高一些。

选用垂直披肩发型法

好的发型应该是发式美观，丝纹清晰自然，符合个人气质，不会给学习和工作带来不便，与环境和季节相适应，便于自己梳理。发型对人的容貌具有很强的修饰作用，就是说，可以用头发掩饰面部的不足之处。体型修长的女青年适合留垂直披肩发发型，这种发型潇洒、漂逸，有青春活力，时代气息浓，能够突出青年人的热情、奔放、俊秀的自然美。

选用立卷式发型法

立卷式发型四周稍微蓬松，向内曲卷。这种发型，女青年和中年女性均可采用，一般适合于椭圆脸形、方脸形、长脸形。圆脸形不适宜留这种发型，否则会显得脸更圆。

选用直发式发型法

直发式发型适合圆脸形、方脸形、长脸形的女性，文静的、具有知识分子气质的女青年梳这种发式更好，能够给人以轻松、舒适、朴实无华的感觉。

发质与发型相配的窍门

美饰柔软头发法

柔软的头发适宜剪成俏丽的短发，将“刘海”斜披在额前，横发向后梳，将耳朵露在外面。如果这样梳理不顺毛流，而容易使头发散乱的话，可将该处的头发刮一下，亦可在耳后夹一个夹子，这样就显得活泼俏丽。

如果要留成长发的话，可采用将头顶部分鼓高且压抑着侧面部分的头发而使发尾部分成弯曲状的发型；也可采用随着风吹而往后飘的长发发型。为了使发型维持较长久，宜使用含有蛋白质的烫发药水，以及使用柔软性的喷发剂来固定发型。

美饰粗硬头发法

粗硬的发质最使美容师为难了。因为它难卷、难做花，稍不留神，整个头发就会像刺猬一样竖起来。因此，在整发前先用油质烫发剂烫一下，使头发不那么坚硬。在发型设计上，尽量避免复杂，以仅用电吹风和梳子就能梳好的发型为佳，比如采用半长、向内、向外卷的发型。

也可采用缓和曲线形的烫发且剪成短发。但若卷得过分则头发会过分鼓高，反而不佳。粗硬的头发经烫发之后，发型能维持较长时间，且易于整理，因此，经常剪短即可维持美观。

美饰稀少头发法

稀少的头发缺乏弹性，如果梳成蓬松式的发型，很快就会恢复原样。但这种发质比较伏贴，适于留长发，梳成发髻，应用小号发卷卷头发，做出娇媚的发型。也可以烫发，以使头发蓬松丰满。不宜削薄头发。

美饰浓密头发法

浓密的头发应选用直发发式，即使烫发，也一定要选用大波浪花样。

美饰直而黑头发法

直而黑的头发宜梳直发，显得朴素、清纯。但直发在显示华丽、活泼、柔和方面远不如卷发，而且这种发质较硬，单靠吹、做很难达到满意的蜷曲效果。如果做卷发，先用油性烫发剂将头发稍微烫一下使头发略带波浪而显蓬松，卷发时最好用大号发卷。发型设计尽量避免复杂的花样，做出比较简单而又能体现出华丽、高贵的发型来。

美饰自然的卷发法

自然卷的头发不需使用烫发剂，只要利用自然卷发就能梳出各种漂亮的发型。如留短发，蜷曲度不明显，而留长发才显出自然蜷曲的美来。这种头发刚修剪的时候，某些地方会有些翘，可在洗头之后用毛巾将头发擦干，然后用电吹风吹一下，用梳子梳顺，并用手指轻压，就能定型。

保护发型的窍门

多梳理保护发型法

梳理好的发型,应很好地保护。由于头发受潮后容易膨胀,因此要避免蒸汽或沾上水珠。洗脸时,要把下垂在前额的头发用发卡卡好,洗完脸后再摘下发卡,把前额的头发梳理下来,整理好发型。睡觉前可戴一顶睡帽。睡帽不宜过小或过大。睡觉前,也可将脑后和两侧的主要波纹分别卡上发卡,待起床后取下,稍作梳整即可。如果发现头发散乱或反翘,可用推、揿、拉的梳理方法进行梳理。如果头发出现塌状,可用手指插入头发根部向上拉提,使其蓬松。高出发型轮廓的头发,可用手压,使之恢复原状。

每天早晚至少梳刷两次。也可用手配合,把顶部轮廓梳松,帮助发根挺立自然,推出起伏变化来;还可用手指将头发拉出各种弧形线条和各种块面、花瓣等,并用手掌拍压或揉压局部过高点,使之平伏地与周围趋向和谐协调,保持头发丝纹清晰,鲜泽柔润。

勤盘卷保护发型法

烫过的头发要经常盘卷。晚上睡觉前,应先将头发梳理通顺;如头发局部变形,可按需要的蜷曲方向束起来,固定,也可以用卷发筒盘起来,第二天早晨拆开,稍加整理,就能恢复原样。

防潮湿保护发型法

烫过的头发对温度非常敏感。因为烫发后,毛孔松软,吸湿性强,一旦碰到湿潮,头发水分增加,弹性消失,就会丧失原来的形状。因此在洗脸时最好将头发朝上夹起来,以防弄潮。遇下雨或潮湿天气,可适当搽些发醋、发油之类的防护物,以削弱和减少水气软化头发的作用。

常洗发保护发型法

烫过的头发,一般 10 天左右洗 1 次。洗好后,用卷发筒盘起,过 3 小时放开,用小吹风机吹干就能恢复原样。

喷陈醋保护发型法

在理发吹风前，往头上喷一点陈醋，可使发型耐久，还能使头发变得黑亮，柔软润泽，增添美感。

护理男性发型法

发油是一种无色无味加羊毛脂衍生物的矿物油，用于涂抹头发，既可固定发型，又能滋润头发，使头发保持光泽。

发蜡是一种黏稠的油、脂、蜡的混合物，涂发蜡可使松乱的头发易梳理，保持原有的发型，增加光泽，特别适合于干性发质者使用。

发乳是一种油乳混合剂，它的油性比发油少，搽用后，除能固定发型外，还使头发松软、润滑而无黏腻感，很适合油性头发者使用。

护发水是由乙醇（酒精）和药物配制而成的，具有刺激头皮，促进血液循环和杀菌的作用，防止头发过早脱落。

固定发型法

用定型喷雾液，能使发型定型的时间长一些。定型喷雾液的作用是在头发上涂一层膜，把发丝胶连在一起，即使梳理后把膜梳破了，涂复过的发丝还是会粘附在一起的。其中有些膜不会干掉，因而头发始终带有粘性，有些膜虽然干了，但在发丝表面形成一个粗糙层，相邻的发丝也会附着在一起。定型液里含有蛋白质和碳水化合物，有一定的胶粘作用。虽然这种胶粘作用极易消失，但确实也使头发产生一层粗糙面，有助于固定发型。过去，定型喷雾液用虫胶做原料，现在则大多用聚乙烯吡咯烷酮制作。其实，啤酒、牛乳、香槟酒是最简单的定型液。

使发型与服装搭配美的窍门

使发型与西装搭配美法

无论直发还是烫发都要梳理得端庄、艳丽、大方，不要过于蓬松，并且可以在头发上适当抹点油，使之有光泽。

使发型与礼服搭配美法

着礼服时，可将头发挽在颈后结低发髻，显得庄重、高雅。

使发型与运动衫搭配美法

将头发自然披散，给人以活泼、潇洒的感觉。如将长发高束，或将长发编成长辫，可增加柔美的情调。

使发型与皮制服装搭配美法

如你穿皮装，可选披肩发、盘发、梳辫子等，可使你倍添风采。

使发型与连衣裙搭配美法

如果你穿的是一种外露较多的连衣裙，那你可选择披发或束发；如果你穿 6 字领连衣裙，那你可选盘发。

使秀发光亮的窍门

使发丝乌黑发亮洗发法

将淘米水加温后洗发，洗涤后用清水漂洗一下，经常这样洗发，可使头发变得乌黑发亮。因为淘米水中含有大量的维生素和蛋白质，用它洗发能起到护发的作用。

中老年人的头发会逐渐发白，且越来越多，如坚持每天用面汤加醋洗头，便可起到乌发的功效。用面汤加醋或面和醋拌匀成糊状洗发，然后用清水冲洗，使醋能渗透到发根，起到滋养头发的作用。待头发干后，再用白油涂抹在头发上。经过这种方法清洗过的头发，既柔润又有光泽。

经常在洗头时滴上 2 滴柠檬汁，可使头发乌黑发亮。

用洗发液、香波将头发清洗干净后，向茶杯内冲好、晾温的浓茶水中兑入新鲜鸡蛋黄，搅拌均匀，慢慢地淋在头发上，或倒入洗脸盆内，头发浸润其中搓揉、浸泡 5～8 分钟。擦干头发，包上毛巾，用吹风机送热风 2～3 分钟。解开毛巾用温水洗净。每月 1 次或 2 个月 3 次，只要长期坚持，头发定将柔软、乌黑。

用茶叶水洗头，久之能使头发乌黑发亮。

要使头发保持柔软、光泽，用洗发液洗发后，用清水冲洗时在水中加少许醋就能见效。

清洗使头发光亮法

洗发时，可在 1 000 克水中放 3 根大葱煮沸。用此液体洗发，将会使头发变得光亮。

用中性洗发剂或肥皂洗过头发之后，再在温水中加少量食醋漂洗一次，隔 20 分钟后用清水冲洗，这样不但不伤害头发，而且可使枯槁无华的头发逐渐变得乌黑，同时能使表面形成一层光泽。

洗完发后，在清水中加适量发油(占平时所搽发油的 1/3)，然后将头发浸入，并左右上下晃动几下后用干毛巾吸去水分，这样头发干后就会光亮。

将头发洗净后再用茶水冲洗一遍，既可使污垢彻底除净，又可使头发乌黑柔软、光亮。

将黄豆加水先用大火一起煮开，然后改小火煮成一杯后待冷。用黄豆水作洗头后的最后一次冲洗，洗后无需再用清水冲头发。

将鸡蛋搅匀，用 5 倍的温水冲淡，一面仔细按摩头皮及头发，一面清洗，洗干净后小心梳理，头发会变得柔软且富有光泽。

用小苏打稀溶液洗发，既简单，又可使头发光泽美丽。

揉擦使头发光亮法

将 2 个鸡蛋、1 汤匙醋、1 汤匙麦芽油拌和在一起，待头发洗净后揉擦在发根处，半小时后，用清水冲洗头发，不仅能清除油垢，而且经常这样洗发，可使头发格外乌黑光亮。

将棉花放在适量的牛奶中浸湿，揉擦于头部皮肤，再用清水洗干净，可以保护头部皮肤，使头发柔软而富有光泽。

按摩使头发光亮法

在洗发液中加入少量蛋清，调匀后洗头，并轻轻按摩头发。洗净后，用蛋黄调入少量醋，使其充分混合，顺发丝慢慢涂抹，用毛巾包 1 小时，再用清水冲洗干净，头发乌黑发亮。此法最适宜干性和发质较硬的头发。

用作沙拉的蛋黄酱富含蛋白质和脂肪，能令头发健康光泽。把适量的蛋黄酱涂在湿发上，按摩 5 分钟，再用热水洗净，头发会变得柔亮。

涂敷使头发光亮法

将100克蜂蜜和60克橄榄油混合，制成头发营养剂，在洗头前半小时涂于头发上，会使头发变得光泽油亮，柔软而滋润。

膳食使头发黑亮法

经常食含钙、镁、铜、铁、磷、钼及含维生素丰富的蔬菜、瓜果、各种动物的肝脏、柿子、西红柿、土豆、粗粮、核桃、黑豆、葵花子、熟地、枸杞子、山萸肉、鱼肝油、花生、红枣、核桃、黑芝麻等食物，可加速黑色颗粒的合成，促进并保持毛囊生长黑发。用炒熟碾碎的黑芝麻与等量白糖混匀，每天早晚各食10克，或者每天空腹生食数枚核桃。

将生鸡油置于碗中，加盖上锅蒸，把残渣过滤掉，服下油汁，常用定会见效。

食用羊奶酪、脱脂酸乳酪及芹菜、胡萝卜、菠菜、山楂等新鲜蔬菜和红色水果，对头发的健美颇有益处。

洋栖菜须泡水，等到变得柔软之后捞起来将水滴干。然后将洋葱切片加一点柠檬汁和沙拉酱调味就可食用了。洋葱不可退涩，以免破坏维生素，如此才能使头发秀美，有益于身体。

常食鱼子，对乌发健脑有较好的功效。

药膳使头发黑亮法

将首乌100克和鸡蛋2个加水煮，蛋熟后去蛋壳再煮15分钟，然后加少许糖稍煮片刻，吃蛋喝汤。每周服1～2次，连服1～2个月。

要使头发保持乌黑，可食黑芝麻和鸡油，也可食用桑葚或桑叶加黑芝麻制成的桑麻冲剂。

按摩养发法

将手指肚放在头皮上，手呈弓形，手掌离开头皮，稍用力下按，然后像揉面团那样轻轻揉动，每次要使手指保持在一个位置上，一个部位揉动数次后再换一个部位。按摩的顺序是前额、发际、两鬓、头颈、头后部发际。这是头皮血液自然流向心脏的方向。由于按摩有促进油脂分泌的作用，油性头发按摩时用力轻些，干性头发可稍重些。

将两手十指略微弯曲，自然张开，将指腹或短指甲按压在头皮上，自额上发际开始，由前往后梳到后发际，用力均匀适中，有顺序地按这一方向梳理头发。在指梳的同时配合按压、揉摩头皮，每次按压约30次。

将双手拇指的指腹按在风池穴上，做有节律的回旋按揉动作，每分钟120次左右。

将食指或中指按压在头顶百会穴上，逐渐用力深压，反复5分钟。

将手指撮合在一起做普通的叩击动作，先中间后两旁，手法宜轻柔。

清洗头发的窍门

除头发上尘埃法

清洗头发之前应用湿毛巾擦拭头发以去除粘附在发丝上的尘埃。再用一把钢齿刷子从前向后梳几次，使头发上的污物、尘垢及脱落的头皮屑梳掉，便于洗涤。

根据发质洗发法

油性头发最好3～4天洗一次，干性头发10～12天洗一次，中性头发一星期洗一次。多长时间洗一次头，要根据头发的性质、生活环境、工作条件、居住地区等不同情况而定。洗发液要选择碱性或弱碱性的。

洗长头发法

如果头发较长，可用手抓住下半部的头发先入水，然后用手撩起盆中的温水使全部头发湿透，接着再用梳子带水自上而下梳通发丝。

防治脱发洗发法

洗发时不应用力搓揉头发和用力抓头皮，否则会损伤头发，加速脱发。应将手指插入头发中，用手指肚揉洗，这样不但可以避免不必要的刺激，而且还能起到良好的按摩作用。

头发稀少者洗发法

头发稀少的人，洗发应用温和的洗发液，记住要用护发液，但千万别用油质的发乳或发膏，因为这类发膏会令头发粘在一起，显得头发更薄更少。

洗发漂净法

用洗发剂洗过头后应仔细冲洗，不少人爱采用倒水冲洗的方法，这样冲洗常有洗发剂残留在头发上。正确的方法是，在大脸盆中加足量的温水，在水中将头发充分散开洗净，也可结合喷头冲洗。

在最后一遍冲洗时，还可以在水中加少许食醋或淡柠檬汁，这样能使头发光亮柔软，增加美感。

洗发后，把发梢浸于水中。因为头发中含有15%的水分，若是水分不足，头发易干燥断裂，因此发里发外，水分须充足。

使用定型剂法

如果你的头发经风吹易于变乱，可以使用发型定型剂，即将适量的啤酒注入一只喷雾瓶中，再加进少许香水即可。洗完的潮湿头发喷上此液，然后梳理成型，自然干燥后就可以了。

修饰美化头发的窍门

修剪头发法

修剪头发最重要的一点是：头发的切口一定要平整。如果切口是斜的，则缺面变大，头发很容易分叉。使修剪头发的切口呈水平有两种方法：一是在修剪头发时，将头发提至和头皮成45度或90度角的地方再剪；二是下剪刀时，要注意剪刀和头发的角度。只要能把握这两点，就能剪好。

自行剪发的步骤是先将头发洗净，用干毛巾擦去多余的水分。接着把头发拢到脑后，用手掌把头发向前推，作为是否分线的参考。然后剪头发的外缘，剪出所需的长度，自左而右剪。最后将整个外缘头发剪齐后，再仔细检查是否有不均匀的现象。

修剪头发的方法一般有这样五种：(1) 直剪法。即用剪刀将头发作横断式剪断。(2) 削薄法。即用削刀将发尾削成细且薄的形状，削下头发量的多少主要看削刀的角度。(3) 推剪法。即用推剪将头发修齐。(4) 疏剪法。主要看头发的干湿和软硬，细软头发可靠头皮处开始修剪，粗硬则不能，否则影响发型，梳剪的次数可看头发的多少。(5) 修剪法。用梳子和剪刀把发尾等处修剪整齐，可用梳子来控制长度。

饰头发稀少法 头发稀少的女性，最适用的是修剪成短发发型。头顶的头发要剪得有层次，造成一种假象以掩盖稀少的头发，令头发显得更丰满一些。

饰头发纤细法 如果头发纤细，也需用分层剪发的发型，头顶发分层，两侧发稍长，背后发更长，发脚应平剪以显丰满。头发的长短必须与自己的面型相衬，定了长短后再分层剪发以创造特殊效果。

梳头发的窍门

梳发养发法 每天早晚坚持梳头，每次梳理 2～3 分钟，约 60 次。梳理顺序是头顶和枕后的头发向上梳，两边头发由发根梳到发梢，向左右两边梳。梳理时使头发与皮肤垂直，梳齿轻轻接触头皮，每次 10 分钟左右。用这种方法梳理头发，可使经络疏通，气血得到调理，增加头发养分，使头发保持黑亮。

长头发梳理法 梳理头发可以促进头皮的血液循环，保持头发整洁美观，注意不要用篦子刮头，以免损伤发根和头皮，梳头时不要用力过猛，以防将头发扯断。长头发梳理时容易打结，可以分段梳理。

油性头发梳理法 油性头发，可用猪鬃毛头刷擦头，将头发的油脂随着发丝擦到干燥的发尾。

干性头发梳理法

干性头发，在擦头之前，应选用阔齿梳将打结的头发梳开，从发尾梳起，逐渐至发根，然后用柔软的猪鬃毛刷轻梳。

染发梳理法

染过的头发，应用毛皮刷轻轻地刷，让发刷将头油均匀地带至每根头发，从而在无形中供应了护发剂。

浓密、蜷曲头发梳理法

浓密、蜷曲的头发，可以用长而硬的毛刷轻轻地梳，避免将打结的头发弄断。

细而稀薄头发梳理法

细而稀薄的头发，在梳理时要避免用力扯。可用软鬃毛刷轻梳，但要注意不要梳得过多。

头发干燥时梳理法

在头发干燥的情况下进行梳理，会使头发产生分叉或断裂，最好擦上少许发油后再梳理。梳理头发的方法是由前向后，由两鬓各向左右。每天早晚起码应进行两次梳理，用力要平均，使血液在头皮下自然循环。

稀少头发梳理法

头发稀少的人，吹干湿发时最好向前垂下，头发吹离头皮，这样头发就显得有一定数量，不会紧贴头皮而显得更稀少。用电吹风时，最好加上一个“分散器”，让吹出来的风不会集中到一点，这样吹干的头发就会松一些，看起来就多一些。在太阳下，最好戴帽子或打伞保护头发。

倒梳头发法

通常梳头时，总是手持发梳将头顶和脑后的头发从发根向发梢梳去，并以柔缓的动作刺激头皮血液循环，促进头肌新陈代谢，使头发鲜泽柔润。不过，若梳子质地过硬、梳齿过尖、梳头用力过猛或动作过快，此法梳头极易伤及毛囊而影响头发生长。如果采用与常态梳法相反的程序，即一手捏发梢，一手持发梳，从发梢入梳，倒着梳向发根，则梳头、护发“一箭双雕”。对于长发女性，使用本妙方更为适宜。

推压梳头发法

梳头时先用梳子将头发梳通。然后双手手掌伸直，左右手掌呈垂直状（如左掌与头顶平行，右掌与脸庞平行，左手指尖轻轻抵住右手掌心）。用与头发长势垂直之掌（与头顶平行的左掌）的掌面轻轻揉压发浪过高处，用与头发平行之掌（如右手掌）将头发按走势向发根处推挤出波浪起伏的变化，以弥补另掌揉压的过失与不足。如此边压边推，理顺头发，可以理出梳子梳不出的发型。

除头屑梳发法

吹、烫头发后使用的梳子多为排梳，那么在梳头前将用旧的丝袜套在梳子一排排的梳齿上，梳齿便可穿过丝袜“脱颖而出”。用这种梳子梳头时，尼龙丝袜与毛发产生的静电可令头皮屑、油垢等附着在袜子上而带出体外，从而达到既梳理头发，又去垢除屑的作用。另外，清洗丝袜，总比清洗嵌入梳齿缝底的油垢要容易得多。

翘起头发梳理法

清晨起床，对镜梳妆。除睡眼蒙眬外，头发也常常蓬松散乱，尤其是有的人发质坚硬或临近洗发，经一夜压迫，使得后脑偏近头旋处出现一撮与正常头发逆行挺立的头发。这撮头发异常“顽固”，按平后只要一松手，又会逆向挺立，使用根部拍水、抹头油之法效果不佳。建议在洗脸后将毛巾叠两折搭在头顶上，漱口、做早餐、吃早餐、收拾房间等。忙完琐事后，取下毛巾，用梳子将翘起的头发梳好。由于头发已被温湿的毛巾盖软，此时翘起的一撮头发已与周围的头发形成一体，重新梳理整齐后不会再次变形或因抹油而被尘土污染。

梳发髻法

扎髻。将发束的根部扎束起来，然后再作分股、分组梳理出有形象的发髻来。扎髻有明暗之分，暗扎是用与头发颜色相似的头绳或黑颜色橡皮筋将头发根扎起来，不显露扎的痕迹。明扎可用彩色丝线、丝带、发夹或发箍等发饰品作衬托和填空，使头髻更富有民间特色。

辫子髻。将头发梳到头顶束成一组、两组或多组辫子，一般每个辫子髻有两个辫子，三组、五组、七组的也有。最后将辫子围绕在根部盘成髻形，用发叉固定。

盘髻。将头发盘起或卷在头上形成发髻。

盘卷与扎根相结合的发髻。将头发一股或分两股扎束起来，然后再分组梳理盘成纹样，卷成曲形块面，构成形象化的发髻。

假发髻。假发髻有两种：一种是以假发梳制成的发髻；另一种是在梳髻时将假发填补在里面，使发髻饱满成型，这种发型适用于头发稀疏的女性。

选用发饰的窍门

头发梳理好后，如果适当地选用发饰，将会使你的风姿更迷人。目前市场上的小发饰，一般使用有机玻璃、金属、丝绒线织等原料制作，形状千姿百态，有花形、几何形、线条形、动物形和糖果形等，颜色就更是丰富多彩。这些都适合日常化妆。

梳长直发中间分界的姑娘，在两鬓上各夹一枚长形、圆形或蝴蝶形的发饰，看起来纯真柔美，青春洋溢。

中长发向后梳，将一部分头发在脑后扎成一缕，上夹一枚柳条形的发夹，显得淡雅清丽，文静大方。

夏天，很多女孩子都喜欢盘发。如在发髻的一侧加一个花形发夹或在发髻中间加一枚带链子的发饰，显得高雅迷人，且倍觉凉爽。

还有一种用金丝绒编织的头绳，扎在额侧结的一条小辫子上，走起路来，头绳下端的那对小坠子微微摆动，给人一种新颖别致、娇俏可爱的感觉。这种发型也适合坠珠子的发饰。

小女孩在头发两边对称地别上一对动物或糖果发夹，更觉天真烂漫、活泼可爱。如果是少女，对称地别上一对珠子发饰，倒不如只夹一边来得更有情趣。

值得一提的是，不管选用哪种发饰，都必须根据自己的发型、服装颜色来选配，不然的话，就会显得俗气、可笑、不自然，反而把一个青春可爱的形象给破坏了。

吹出美丽发型的窍门

洗头后，头发会特别蓬松紊乱，要将秀发恢复整齐，可用电吹风来帮助；同时，吹发可重新创造另一种发型，灵巧熟练的吹发技术可整理出千变万化的发型；此外，吹风还能调节推、剪技术的某些缺陷，并有固定发式的作用。吹发时，吹风机应与头发保持 20 厘米左右的距离，而且低温状态是最适宜的，不仅可长时间保持头发有型不蓬松，还可使发丝更加滑润。

外曲吹发法。将卷刷放在发丝上，拉高卷梳，吹风机从上向卷刷部位吹，可使外蜷曲度整齐。

内曲吹发法。将卷刷放在发丝上，向内颈方向卷，吹风机从发卷中心吹，这样更能固定发卷形状。

波纹吹发法。一头直发经洗头后，欲使发丝起波浪纹，吹发的方法，不再用卷刷，而是利用手指。把手按在头上，食指与中指分开，形成“6”形，夹着部分头发，使其有一定的弧度，吹风机可从侧面吹。

蜷曲吹发法。蜷曲的发型洗头后便会显得凌乱，要使它恢复原状，需要把全头发丝用发卷卷着，定型后再吹。

刘海吹发法。希望刘海部分有蜷曲的变化，可利用发卷轻卷额头或两鬓间的发丝，然后吹发，这样可做出满意的刘海。

长直吹发法。既长且直的秀发，洗头后会显得散而缺乏弹力。补救的方法是用卷刷从发根顺梳至末，运用内曲吹法，而吹风机可加用集中器，沿卷刷梳卷而吹，发丝便会显得有弹性。

烫发的窍门

烫发小技法

秀丽的面孔配上一头乌黑、光亮的头发，会显得更加俊雅迷人。若把乌黑光亮的头发烫成卷花，则更增添风采和魅力。不过，烫发也有讲究，如果掌握不好，会影响头发的健康与秀美。

烫发，分热烫与冷烫两种。热烫也即电烫，用氨水涂抹头发，然后蜷曲上夹，通电加热，使头发变得蓬松。这种烫法对油性头发比较适合，烫后可起到收敛和减少油脂的作用，但干性头发会脆断变色。冷烫方法目前用得比较普遍，冷烫常用的是“冷烫精”。如果烫的次数过多，会使头发变得枯槁蓬松。因此，一年中烫发以不超过3次为宜。

专家们认为，烫发能令稀少的头发显得丰满些。但不少头发纤细的女性往往找不到理想的烫发药水，唯一的办法是耐心地用一小撮头发做试验，看看需要多少时间烫发效果最好。烫后的那一撮头发如呈松“3”形，表示发身起波纹；如呈紧“3”形，表示卷发；如呈中度“3”形，则表示微卷发。

烫发时分界不要成直线，最好是成S形，以免头发干后露出分界。

有的女性因吹烫过频，头发已出现干枯棕黄的变化时，也别紧张，除了减少烫的次数外，可以涂些护发化妆品，同时注意保持心情舒畅和适当增加营养，多补充些动物的肝、心和蛋类，多吃些胡萝卜、贝类、木耳等富含蛋白质和维生素A以及铁、硫、矽等微量元素的护发食物，也可使头发转干为润，化黄为黑。

过频地烫发或将头发烫得太卷，会破坏头发的角质蛋白，也会使头发的保护层受到损害，失去原有光泽，还会使头发变脆易脱落，看上去干燥无光泽。一般电烫一次保持3～6个月为宜，化烫6个月一次为宜。烫过后的头发需护理。

夏天气温高，容易中暑。如果用热力烫发机近距离烤头部，一般要持续10分钟，烫完发出理发店后，又受阳光照射，致使头部血管扩张，血流增加，大脑内压力出现暂时性变化，烫发者常出现头胀、头痛、呕吐等症状，严重者会发生昏厥。因此，酷暑季节，身体虚弱或有心脏病、高血压等疾病的人更不宜用热烫方法烫发，最好用冷烫法。

保养烫发法

烫过的头发比较干燥，需要保养，但是不要用过于油腻的护发用品洗头。通常发尾需要较多的保养，如有分叉，应早日剪掉。头发干的时候，较难抹匀护发用品，但却比较容易吸收。头发洗净后，可以用一些润发品(不必洗掉的那种)保养头发。

洗发后最好让头发自然风干。可以用毛巾擦，不要用电吹风吹。如果使用吹风机，也不要将吹风机靠近头发，以免头发受损。如果想让头发看起来蓬松些，可在吹干头发时将头朝下，会有很好的效果。

不要用细齿梳用力梳已干的头发，只要用刷梳梳一下即可。

如果在下次洗头之前，想要使头发梳后再卷起来，不妨用浇花的喷雾器灌入清水喷湿后再梳，梳后头发就会又卷起来。

护理烫发发型法 因蜷曲的头发碰到潮湿和水蒸气容易走样，所以洗脸、洗澡时宜用干毛巾将头发包好，防止额前和两鬓的头发被水浸湿。雨天要避免雨淋，一旦受潮，不要用梳子梳，因为湿发梳后头发易直。

睡觉时头不要多动，以免头发翘起变形。睡前应将头发按发型纹路用发夹夹好，或用塑料卷发筒卷好，再用头巾或帽子包平服，枕头不宜太软，否则第二天起床时头发翻翘凌乱。

洗头后可涂些水或油，待头发半干时，先理好刘海，再用手在后面左右捏出波浪，干后，头发就可保持波纹。平时涂点发乳、爽发膏之类的油脂，可使头发柔软。

头发潮湿时不要梳，要等干燥后再梳。梳理发型时，用力要轻重适当，一般应从前面腾空往后梳。当头发梳通后，应用手按住左右和枕骨处的头发，轻轻地向头顶推一下，使之蓬松，然后再用手指勾出适当的线条。接着把周围的头发压平服，使两鬓对称。额前的刘海可根据各人的脸型和喜好确定梳多梳少。

卷发的窍门

在家里卷发法 卷发最好是在入浴或洗头后进行。将头发吹至半干时即卷，这样头发干得快，又能保持良好的发型。卷发的工具和用品包括梳子、发刷、发卷、发夹、电吹风、营养发油、喷雾胶等。发卷有大有小，种类很多，一般常用的有塑料发卷和海绵发卷。但塑料发卷好用，不易松脱。根据需要使用发卷，如卷大波浪时宜用大号发卷，卷细密的花时宜用小号发卷；长发宜用大号发卷，短发宜用小号发卷；发质硬或易成型的头发宜用大号发卷，细柔的头发宜用小号发卷。

要用塑料发筒把头发卷紧一些，直到把整个头发都卷起来后将吹风机热量调到适中，切记不可过热，以免将头发烫焦，从而破坏发质。用吹风机将头发烘干，或直接在太阳下晒干也可。当头发八成干时，应用吹风机及钢丝刷轻轻地对发型加以整理，这样处理后的卷发自然、柔软，效果不错。

使用发卷法 洗发后，先将水擦干，抹上少许发乳或营养发油，再用梳子梳顺，依头发的长度来决定发卷的大小，并视发卷的大小分出适合的发束再卷。为了使发卷容易卷上，可以在发梢上加垫一张纸。希望头发看来较蓬松时，可将发卷往前压。希望头发看来较服帖时，可将发卷稍向后压。将发夹固定在发卷或发根处，把发夹由发卷上头插入。想要同时固定住两个发卷时，可以使用较长的夹子，将它同时夹住，即可固定。

整理卷发法 卷好的头发吹干后，取下发卷，用尼龙发刷将头发全部向后梳。再用猪鬃发刷将头发尽量梳直，若能用卷筒型的发刷或用可卷发用的吹风机来梳理则效果更好。将头发梳出自然的发浪后，再用梳子梳成自己喜爱的发型。

染发的窍门

染发小技法 要在染发前的1～2周内对头发加强护理，这样有助于减少染发对头发的伤害，并且更易使头发上色，护发、修护类产品应避免使用。同时，不要在染发前一周使用洗护合一的洗发水，也不要使用毛鳞片修护液或护发剂与润发素，以免在毛发外形成保护膜，阻挡染剂的进入，使染发效果大受影响。应以具有深层清洁效果的单洗洗发精作为首选。

尽量不要在染发前两天洗头，尽可能让毛发分泌油脂，使之形成天然保护膜，对毛囊加以保护，这有助于降低洗发时不小心将头皮抓伤的风险。一旦头皮出现伤口再与染剂接触，就容易发炎，引发多种疾病。

如果是第一次染发，或更换新牌子的染发剂，为防止皮肤过敏，应该先做肤质测试。这一点尤为重要，一旦忽略测试有可能引起不同程度的接触性皮炎，对人体构成威胁。测试方法很简单，只需在手腕内侧或耳后不碍眼的地方涂抹数滴染发剂，等染发剂稍干后贴上胶布，保持48小时后，如无异常反应，方可开始染发。

女性在生理期及怀孕期的身体较弱，不仅内分泌会发生变化，而且身体的抵抗能力也较平时差，头皮毛细孔会在染发时呈张开状，染发剂中所含的氨水、双氧水等化学成分可能会经由头皮传至人体，容易给身体造成一定的伤害和不适，因此应该等身体状态较好时再染发。

由于在洗热水澡时，水蒸气会稀释染发剂的颜色，致使染发效果大打折扣。同时，染发剂还会经由水蒸气入眼，对眼睛造成伤害。

不要在三个月内反复染发。由于染色剂成分会对头发毛鳞片造成伤害，毛鳞片一旦受损就会变得脆弱易断，如果在受损的毛鳞片还没恢复之前又再次染发，会使伤害加重，不但发色不能持久，还会对头发健康造成危害，使头发变脆硬涩，失去弹性。

如果染发前头发上沾有造型产品，不需要冲洗干净，只要用梳子将造型发胶梳掉即可，因为染发时应保持头发干燥。

适宜在 25～28 ℃的室温下染发。过高的室温会让染发反应加速，使染发剂显效过于明显，与想象不符。但如果室温太低，也会影响颜色的形成。

对染发养护法

只有精心护理亮丽的发色，才能保持发色持久、发质不毛燥，对头发的伤害尽可能降低。

虽然染完发后有很重的异味，但为了保持发色，不宜太快洗发，应在 2～3 天后清洗，以便使残留的染发剂在毛发上保留。可在染发后一周内，选用弱酸性洗发水，最好是用具有护色功能或含有果酸成分的洗发水洗发，这样有助于去除染发剂的异味，还能修护毛鳞片，并有效防止褪色。

应在染发后 2 周内持续护发，以补充头发流失的蛋白质及水分，使头发颜色保持光泽。尤其是本身发质比较细弱的头发，应在染后以蛋白质含量较多的护发素为首选。

由于紫外线、海水、氯气和漂白粉等成分会伤害发质，使染后的头发褪色，因此在染发后要避免长时间在阳光下暴晒、浸泡于海水或泳池太久。同时，过度地吹整头发，也会使发色难以持久。

染发后要避免发质粗糙、干涩、褪色、失去光彩，可选专供染发发质使用的护色、护发一类美发用品，这类用品或含有护发滋养成分，能滋养发丝；或含有抗氧化成分，可避免氧化造成的发丝褪色。染发后，影响发丝亮丽的头号大敌是洗发时水的冲击力。八成以上的染发掉色与水有关，洗发、游泳、淋浴等会使发丝遇水，从而造成头发毛鳞片扩张，染剂分子流失。避免这种情况的一个办法是使用染发发质专用的美发用品，它可以缩减头发毛鳞片间隙遇水的扩张效果，减低染剂分子自间隙流失的几率。

吹风机的使用方式对染发发色能否亮丽也很重要。吹风机散出的高温，也容易造成染后发色的褪色。因此，使用吹风机时，不能太过靠近或是温度太高。

防染发剂污染法

自己在家里染发，往往因操作等原因将附近皮肤染黑。为此，像防刷油漆刷进指甲缝而在指缝中预先塞入肥皂一样，在皮肤有可能染黑之处，涂抹浓稠的肥皂液或皂沫，当染完发将头发洗净后，再洗去肥皂，便能达到预期目的且简便易行。

可在额头、耳际等易被污染处擦一些润肤霜之类的化妆品，也可有效防止被染发剂污染。

染发时，先在头发的边缘处涂抹一圈食油，可防止染发剂污染皮肤。皮肤污染上了染发剂，涂上烟灰再清洗就可除去。

防治染发过敏法

染发者如皮肤过敏，可用抗组织胺类药物，如扑尔敏、苯海拉明等均可。

不宜染发的人有：

患有血液系统疾病者不宜染发。因为染发剂中的某些化学成分对骨髓造血功能有一定的影响，它有可能加重患者的病情。

在使用抗生素期间不宜染发。因为有些抗生素，如青霉素、链霉素、庆大霉素和磺胺类药物容易与染发剂发生交叉过敏反应。

患有荨麻疹、哮喘和过敏性疾病的人不宜染发，以防引起过敏反应。

头面部有外伤未愈者不宜染发，防止有害物质直接从伤口渗入。

尚未发育完善的人不宜染发。

想生育孩子时不宜染发。

孕妇和哺乳期女性不宜染发，以免影响胎儿和婴儿发育与健康。

存放染发剂不变质法

各种染发剂在室温或炎热的天气中，均会失去部分效能或改变色泽。若放在冰箱中保存，可长期保持其原有的功能，不致变质。

护理头发的窍门

春季护理头发法

头发是有天然的美与光泽的。但有些人的头发灰暗无光，干燥易断，甚至脱发，这除了与年龄、环境、工作和精神等因素有关外，还与护理不当也很有关系。要使头发健美，除了日常护理外，还要注意季节的特点。

春季，气候较为干燥，头发的水分和油分易被蒸发。头发干燥时，不仅无光泽，弹性减低，而且由于头发与空气、织物摩擦产生一种静电吸附作用，使尘埃附着在上面，头发易脏，影响皮脂分泌，产生角质脱落，使头皮发痒、脱屑或不同程度地脱发。这时可采取以下护理方法：

使用护发素。含有阳离子活性物，能使头发外表活性物分子定向排列，纤维上电荷减少，电阻降低，形成一层抗静电的保护脂，使头发湿润、柔软，增加美感。

使用植物油。先将头发洗干净，然后用一汤匙植物油均匀地涂抹在头发上，用烘热的塑料头套套在头上，约 20 分钟后取下头套，再彻底洗头一次，将油渍洗净。

使用洗发香波。香波为中性，对头皮及头发刺激性较小，洗后头发光亮，容易梳理，并留有怡人的芳香。

切不可用纯碱洗头。纯碱刺激性较大，会使头皮细胞角化，产生皮屑，使头皮发痒，头发干燥，脆弱易断。

春季，一般每周洗头一次为宜，洗后可适当地抹些发油。

夏季护理头发法

夏季，汗液和皮脂腺皮脂分泌增加，为保持头发的清洁，可增加洗头的次数，一般可 3～4 天洗一次。同时，夏季游泳机会多，要加强头发的护理，每次游泳后最好用香波洗头，然后用营养发膏，以保持头发的光洁和弹性。

秋末冬初护理头发法

秋末冬初，气候干燥。人的头皮分泌物减少，头发变得蓬松干燥或脱落。因此这段时间最好暂停烫发，用较好的洗发剂洗发，配用梳理剂，然后抹些营养性的发乳或发蜡。如果头屑多，可用去屑的洗发剂。

护理油腻头发法

有些男青年，在性发育后逐渐出现头发非常细腻，有的头屑增多、头皮奇痒难受，只要轻轻用手一抓，可有大量头发脱落，日子一久，有些人可变成秃顶。健康人的头发靠毛囊附近的皮脂腺分泌多种皮脂来保护，皮脂腺每天对毛发分泌一定量的脂酸，脂酸除有润泽头发的作用外，还有抑制细菌的作用。头皮如果无皮脂的保护，可招致毛发癣的感染。然而，部分青年人在性发育后由于体内雄性激素分泌过多，大量的睾酮进入毛囊中，与头皮、特别是头顶部毛囊内的一种酶相结合，使睾酮变成双氢睾酮，双氢睾酮具有强烈刺激毛囊及皮脂腺的功能，使皮脂腺分泌亢进，大量分泌脂酸使头发特别油腻，久之，可引起脂溢性秃发。精神忧郁会使人体功能下降、血液循环不畅、头发血管痉挛，从而使毛囊得不到营养而脱发。

梳理头发时要使头发与皮肤成为垂直，梳齿轻轻触到头发，不致损伤毛囊。洗发剂要选用弱酸性天然型的。洗发时水温不宜过烫，以免损伤头皮表皮层。洗发最好每周 1 次，

平时应限制动物性脂肪和纯糖类甜食，常食富含维生素 B 的食物，如瘦肉、鸡肉、鱼、胡桃、葵花子、香蕉等。维生素 B6 可以抑制头皮脂溢出，对头发生长有利。黄豆粉、麻油有丰富的泛酸，泛酸能保护头发的表皮，促进蛋白质和类固醇的合成，促进毛发再生。

头发油腻严重而引起弥漫性秃发者，可以在医师指导下使用头皮血管扩张剂及抗雄性激素。

防治脱发的窍门

减少烦恼防脱发法

生活中，有些人对脱发感到烦恼。其实，如果在平时注意自我养护，就可减少脱发现象。精神要保持愉快，生

活作息要有规律，要有充足的睡眠时间和适当的休息，加强身体锻炼。切忌紧张、忧郁、思虑过度。精神紧张，会引起头皮血管收缩或痉挛，影响毛囊血液供应，出现脱发现象。

克服不良习惯防脱发法

调整饮食结构，切忌偏食。平时要注意限制动物性脂肪和纯糖类食品，饮食要多样，克服偏食的不良习惯。少吃辛辣食物和肥肉，以新鲜清淡的食物为好。最好多吃一些水果、干果、蚕豆、豌豆、土豆、蛋、胡萝卜、豆芽、芝麻、核桃、卵黄、燕麦、骨汤、海带和紫菜。注意对蛋白质的补充，并多吃些含铁、钙和 A 族维生素等对头发有滋补作用的食物。尽量少吃甜食。

戒除不良饮食习惯，如暴饮暴食、偏食厚味、酗酒、抽烟等。抽烟会影响头发的正常生长，要下决心戒烟。多吃蔬菜与水果，可防止便秘而引起脱发。饮酒会使头皮产生热气和湿气，引起脱发，宜加节制。

注意保持头发和头皮卫生，使毛孔处于舒张状态，这样能够起到减缓脱发的效果。不要用过烫的水或冷水洗发，洗发水一般接近体温为宜。洗发时，可用双手指尖摩擦，不可用指甲抓搔，以免损伤头发。

应尽量避免精神过度紧张和身体过度疲劳。注意保持头发和头皮卫生，使毛孔处于舒张状态，这样能够减缓脱发现象。

勤梳头发防脱发法

每天早晚各梳发百次，能刺激头皮，改善头发间的通风。由于头皮是最容易出汗弄脏的，因此勤于梳发可以加快头皮部的血液循环，对于改善头发的营养供应大有好处，这样能防止头发脱落、折断和分叉。

梳发的方向如果保持不变，头发缝儿分开的地方由于常常被阳光照射将会特别干燥或变薄。如果分开的地方开始变薄，应该在搽发乳或头油后加以按摩，使已经干燥的头发得到滋润。有时不妨将分开头发的方向改变，不但能够享受改变发型的乐趣，而且能避免分开处干燥而导致脱发的麻烦。

学会吹发防脱发法

很多人都备有吹风机，但是并不一定都会正确使用。在使用吹风机吹头时，应先在头发上抹一层护发露，然后从发根向发端顺向移动着吹，切不可逆向吹。这样就不会在吹发时导致头发开叉,能够有效地保护发质。吹风时至少距离头发 20 厘米,停留时间不超过 3 秒钟。

头顶部脱发者饮食法

头顶部脱发,多为精神应激性脱发,常吃些乳酪、芹菜、菠菜等调气益神且营养丰富的食品,可保持头顶毛发稠密。

前额部脱发者饮食法

前额部脱发,要少吃冰淇淋、巧克力等人工合成甜食,多食新鲜水果、蔬菜等。

后脑部脱发者饮食法

后脑部脱发,应少饮烈酒、浓茶、浓咖啡,多食深色蔬菜及水果。

分娩后脱发者饮食法

分娩后脱发,是由于孕期雌激素分泌较多,分娩后雌激素急剧减少使毛发的生长中止,造成急性弥漫性脱发。应多食促发生长的食物,如蜂蜜、蛤蜊、动物内脏、蛋黄等,一般在六个月即可恢复。

病源性脱发者饮食法

头发中含 90%蛋白质,缺乏蛋白质不仅容易脱发,而且头发再生速度也慢,所以患有胃肠道疾病以致消化吸收不良、营养平衡失调,特别是蛋白质和微量元素供应不足者会造成大量弥漫性脱发,可多食蛋类、豆类、杂粮和花生等。

脂溢脱发者饮食法

脂溢性脱发,应首先忌食辛辣刺激食品,宜多食牛奶、豆类、香菇、黑木耳、菠菜、芹菜等,可减轻油质分泌,促进毛发再生。

过敏性脱发者饮食法

过敏性脱发。多见于有过敏体质的人,应少吃畜肉、牛奶、蛋类等食物,多吃糙米、蔬菜以提高人体抗过敏能力。

鬼剃头斑秃者饮食法

鬼剃头斑秃，应多食含维生素 C 的果蔬、海产品、黑色食品及维生素 B1、维生素 B6。

按摩防治脱发法

用双手食指和中指压在头皮上画小圆圈揉擦头皮，先由前额经头顶到枕骨部，再从额部经两侧太阳穴到枕部。每次按摩 2 分钟，每分钟来回揉搓 30～40 次，以后可延长到 5～10 分钟，每天睡前或起床后按摩，有健发防秃的功效。

如果脱发多，可一天按摩头皮 2～3 次，促进血液循环，减少脱发。

用啤酒涂擦头发，不仅可以保护头发，而且还能促进头发生长。在涂擦前，先把头发洗净、擦干，用 1 瓶啤酒的 1/8，均匀地涂擦在头发上，接着用手按摩，使啤酒渗透到头发根部。15 分钟后，用清水冲洗干净，并用木梳把头发梳理一下，啤酒沫会像发乳一样留在头发上，不仅能使头发光亮，而且能防止头发干枯脱落。

如果脱发厉害，可先用清水把头发弄湿，从发根至发尾涂上芝麻油按摩头皮，包上热毛巾捂 30 分钟，再以温水洗头，即可治脱发。

在洗发水中加少许白兰地酒，边洗边按摩头皮，长期坚持，可使头发不再脱落。

擦洗防治脱发法

如果长期坚持用盐水洗头发，不仅能够杀菌，还能防止或减少头发的脱落，加上适当的按摩刺激头皮细胞，激活毛囊细胞，能够生出头发。只需每星期洗 1 次，2～3 次后即能见效。每次在洗头前先将 100 克食盐投入温水盆中溶解后，再将头发全部浸入，揉搓 5～6 分钟，加适量的洗发精，继续洗浴，将油污洗掉后，再用清水将头发冲洗两遍。坚持几次后，再梳头、洗发时，头发就不会大把脱落了。

将生姜烤热后切开涂擦头顶，每天坚持 2～3 次，每次 20 分钟，能刺激毛发的生长。生姜随用随切，不宜切好备用。高血压患者禁用。如果脱发厉害，生过疮疖的头皮上往往不再生头发，可经常将姜汁涂擦于患处，日久即能长出新发。将生姜切成片，在斑秃的地方反复擦拭，每天坚持 2～3 次，能刺激毛发的生长。

辣椒对秃发有一定的疗效。取红辣椒粉 8 克、棕色辣粉 4 克、香料 8 克，与 75%的酒精 80 克混合，浸泡，用来擦头皮，能刺激头发生长。

将10克尖头小辣椒切成细丝，用50克60度的白酒浸泡10天，滤渣取汁，用棉花蘸擦秃发部位，每日数次，能促进毛发再生。

头发脱落、头皮多和头皮发痒时，可使用陈醋200毫升加温水300毫升洗头。想使发型耐久，那么就请在理发吹风前往头发上喷一点醋，即可达到理想的效果。

晚上临睡前，坚持用酸奶擦头皮，可防治微秃。

将50克烟叶放入150毫升食醋中浸泡1周后使用。用该浸泡液外擦患处，每日3～4次，一月左右可见效。

糯米泔水对于护发有很好的效果，因此在每次淘洗糯米时将其泔水沉淀，留取下面较稠的部分，放入容器中储存几天，当已发酵变酸后便可以使用了。使用时，先用泔水将头发揉搓一遍，再用冷水冲洗干净，不久就会发现头发变得乌黑如漆、松软润泽，如果头发中夹有白发或是“少白头”，用糯米泔水洗头，均可恢复黑亮。

将生芝麻40～100克与淘米水2 500～3 500克同煎至沸腾，稍温即用来洗发。待头发干爽时，用清水冲洗。每天1次，4天见效。

涂敷防治脱发法

一旦发生脱发，应根据产生脱发的不同原因加以治疗。头皮发痒、皮屑较多的人应勤洗头，保持头皮与头发的清洁，但忌用过热的水洗烫。应少吃脂肪较多及刺激性强的食物，如动物油、咖啡、浓茶、辣椒等。多吃新鲜蔬菜和水果，并保持足够的睡眠。还可以用生发水之类的药物。白兰地酒、生姜酒、生川乌调醋等，均可每天外敷在头部2次，并辅以按摩。

如果头发变得稀少，可将10毫升蜂蜜、1个生鸡蛋黄、10毫升植物油或蓖麻油，与15毫升洗发水及适量葱头汁混在一起搅匀，涂抹在头皮上，戴上塑料薄膜的帽子，持续用热毛巾热敷。一两个小时之后再清洗头发。坚持一段时间，可还你一头浓密的头发，头发稀疏的情况就会有所改善。

将蒜瓣去皮放入研钵中捣碎成泥状，然后把蒜泥或蒜泥滤液直接涂在秃顶部，每天一次，涂后2小时，再用洗发水洗净擦干。每7～10天为一个疗程。在每一个疗程中可以适当地停2～3天。头发干燥型的秃顶患者，最好在蒜液中加入等量橄榄油。一般治疗时间不得少于2～3个月。用蒜泥和蒜汁涂于局部，对皮肤具有刺激作用，能够改善皮脂腺血循环，扩张毛囊，因此有利于毛发生长。

如果头发出现发黄、易落或者斑秃的症状，可将25克柚子核，在开水中浸泡几小时后涂抹于患部，每日可涂2～3次，坚持1周左右，症状即可好转。如能配合生姜涂搽，既可以固发，又可使毛发生长加快。

将适量的满天星加花椒放入锅内用清油熬煎，用鸡毛蘸药汁涂于患处，每日数次，能治秃发。

如果经常脱发，可在每晚临睡前把50克红枣（10个左右）洗净泡水，泡涨后用大火煮熟，涂搽头部，坚持1周后效果就会显现出来，头发逐渐不再掉了。每晚睡前吃一两红枣可防治掉发，红枣可生吃，也可煮熟吃。

将猪板油100克剁碎，冰片50克研末，混合搅匀。卷在3～5张草纸中，点燃，将融化后的混合药油滴在瓷盘中。用温水洗擦后，将晾凉后的药油涂擦患部，每天1次。可用于防治斑秃。

将花椒50克、生姜20克和当归10克浸泡在300毫升白酒中。一星期后用酒液涂患处，每天数次，能防治斑秃。

用一片生洋葱在秃顶上摩擦，再用蜂蜜在涂过的头顶摩敷，使其刺激毛囊，促进头发生长。坚持每天擦。

每天用适量的狗乳涂患处，有滋阴润发、乌发、生发之效，防治头发稀疏。

将新鲜采下的侧柏叶浸泡于白酒中盖严盖子封存，7日后将柏叶挑出，用剩下的液体涂搽患处，坚持每天搽，可防治脱发。

如头发逐渐脱落，可用秦椒、白芷、川芎各50克，蔓经子、零陵香、附子各25克，研碎，用布包好，放在香油里浸泡20天。取出后，带油往头上搽，早晚各1次，10天左右可见效。但注意不要蹭到脸上。

药膳防治脱发法

将蜂蜜、黑芝麻和醋各35克充分混匀，日服3次，2日服完。

将何首乌50克、生地50克和菊花10克泡在水里当茶喝，每日1剂，连用20天左右即可停止脱发，再用20天，可长出新发。

防治头发发黄的窍门

防营养不良发黄法

头发发黄的主要原因有甲状腺功能低下、高度营养不良、重度缺铁性贫血和大病初愈等，导致机体内黑色素减少，使乌黑头发的基本物质缺失，黑发逐渐变为黄褐色或淡黄色。另外，经常烫发或用洗衣粉及碱水洗发，也会使头发受损发黄。

营养性发黄是高度营养不良引起的。鸡蛋、瘦肉、大豆、花生、核桃和黑芝麻中含有大量的动、植物蛋白，可以改善机体的营养状态，而且这些食物中还含有构成头发的主要成分胱氨酸及半胱氨酸，是养发的最佳营养食品。

防体酸性发黄法

体酸性发黄是血液中酸性毒素增多所致，与过度劳累及过食甜食、脂肪有关。应多食海带、鱼、鲜奶、豆类等。此外，常吃芹菜、油菜、蘑菇、柑橘、菠菜等含铁食品也能抑制体酸。

防缺铜性发黄法

缺铜性发黄是在头发黑色素生成过程中缺乏一种重要的含有铜的酪氨酸酶。体内铜含量不足会影响这种酶的活性，使头发变黄。富含铜元素的食物有动物肝脏、西红柿、土豆、芹菜、水果等。

防辐射性发黄法

辐射性发黄是由于职业的特殊性，如从事电脑、雷达职业以及 X 光医生等工作而出现头发泛黄，应重视补充富含维生素 A 的食品，如猪肝、蛋黄、奶品等，还应多食能抗辐射的食品，如紫菜、高蛋白食物以及多饮绿茶。

防病源性发黄法

病源性发黄是因为患有某些疾病，如缺铁性贫血和大病初愈时，都能使头发由黑变黄，应多吃黑豆、核桃仁、小茴香等，因为黑豆中含有黑色素生成物，有促生黑色素原的作用；小茴香中的茴香醚则有助于将黑色素原转变为黑色素细胞。

防机能性发黄法

机能性发黄主要原因是精神创伤、劳累、季节性内分泌失调、药物和化学物品刺激等导致机体内黑色素原和黑色素细胞生成机能的障碍，要多食海鱼、黑芝麻、苜蓿菜等。苜蓿中的有效成分能复制黑色素细胞，有再生黑色素的功能；黑芝麻能生化黑色素原；海鱼中的烟酸可扩张毛细血管，增强微循环，使气血畅通，消除黑色素生成的障碍，使头发祛黄健美。

头发逐渐变黄，除因体力和精神过度疲劳因素外，主要是由于摄入纯糖和含脂肪的食物过多，使血液酸性增高所致。故应少食奶类制品、油炸食品、高脂干酪、巧克力、白糖及高脂肪食物；而应注意多食些含蛋白质、碘、钙的食物，如精肉、鱼、禽肉、海带、紫菜、花生、鲜奶、豆类等食物，还可以食些含铁质多的蔬菜，如芹菜、油菜、红苋菜、胡萝卜等，对酸性物质有抑制作用。

药膳防治发黄法

将首乌磨成粉，早晚各服 9 克，可防治头发发黄。

将芝麻与核桃仁炒熟后加糖，早晚各食 1 汤匙，可用于防治头发发黄。

将枸杞泡茶或煎汤服用，可防治头发发黄。

防治头发发白的窍门

按摩防治白发法

每天在睡觉前和次日起床后，用双手手指揉搓头皮，先自前额经头顶到脑后部，每次 5 分钟左右，每分钟来回揉搓 20～40 次，以后逐渐延长时间。按摩时动作要轻柔，以免伤了头皮。只要长期坚持下去，便能长出满头黑发。头皮按摩法对血液循环有很好的促进作用，也是老年人保健所需要的。

肾虚性白发饮食调理法

有些中青年患了“少白头”并为此苦恼万分。白发是毛发的色素功能障碍的结果，一般认为与贫血、头部血液循环不良、神经内分泌功能失调、长期缺乏维生素 B 族以及食物中缺乏铜、钴、铁等有密切关系，可常食粗粮豆类、绿色蔬菜和瓜果等含维生素 B 较多的食物，如西红柿、土豆、菠菜等。精神状态也是导致少白头的重要原因之一。

中、青年白发多与肾虚有关，平时应多食动物肾、肝，以及黑芝麻、花生、黄豆、玉米、黑豆、蚕豆、豌豆、海带、蛋类、奶粉、葵花子、核桃肉、土豆、桂圆、杂粮等。由于这些食物都含有大量的氨基酸和微量元素，对促进头发生长和白发变黑都有良好的效果。

营养缺乏性白发饮食调理法

由于人体内缺乏维生素、铁、酪氨酸等营养物。富含铁的食物有动物肝、黑木耳、大豆、芝麻酱等；含B族维生素较多的食物有谷类、干果、奶类、绿叶蔬菜等；黑色素是由酪氨酸氧化物形成的，应常吃瘦牛肉、瘦猪肉和兔肉等。

每天早晨用两个鸡蛋打汤，汤里加一小把枸杞，煮熟后，鸡蛋、枸杞连汤一并吃下，长服有效。

长期坚持每晚一次食用炒熟的黑豆和黑芝麻各 15 克，可使头发乌黑。

早衰性白发饮食调理法

早衰性白发是中年人常见的病症，病因较复杂，常食粘蛋白骨质食品及骨髓等可延缓头发衰老。

精神性白发饮食调理法

精神性白发是由于精神过度紧张、抑郁和沮丧等造成供应毛发营养的血管发生痉挛，使毛发色素细胞分泌黑色素功能减弱。可取核桃仁 1 000 克，桑葚子 500 克，黑芝麻 250 克，共研末加蜂蜜 2 500 克，拌匀，每次服 5 克，日服 2 次。

药膳防治白发法

将制首乌 20 克、枸杞 15 克、熟女贞 15 克、川杜仲 10 克、白酒 500 克和白开水 250 克一起浸泡半个月后，加入白砂糖 250 克，每日早晚各服 1 次，白发会减少或消失。

将黑大豆 30 克、熟地 20 克和首乌 20 克加水煎，分早、晚 2 次服，1 个月为一个疗程。

将旱莲草 25 克、何首乌 25 克、当归 15 克、菟丝子 10 克、红枣 4 个和新鲜黑密草一小把，加水煎后服用。

将 10 克当归、30 克何首乌和 3 克甘草加水煎，每天饮服，可防治青年白发。

将首乌 100 克和鲜鸡蛋 2 个加适量水煮，蛋熟后去皮再煮半个小时，加适量红糖再煮片刻。吃蛋喝汤，每天 1 次，2～3 个月可见效。

每天切 3～4 片何首乌和水果当下酒菜，坚持一年有奇效。

将何首乌、黑芝麻各200克研细煮沸，用红糖送服，每日3次，4天服完，第五天上午将头上白发剃去刮净，使黑发重生。

每次用白酒涮过的何首乌30克和生地25克放入茶杯内，用开水冲泡当茶饮。坚持连续服用一段时间，能见功效。

擦洗防治白发法

将面汤加醋或用面和醋拌匀(不要太稠)洗发，然后用清水冲洗。醋能渗透到发根，滋养头发。

将榧子、黑胡桃捣碎，加水煮洗发。

每次洗发后，用冷水冲洗发根，可刺激头发生长，有助于防止白发。

将白发拔掉后，立即用生姜片擦拭其毛孔，可免白发再生。

选用假发的窍门

选用假发小技法

有些女性，头发又粗又硬，好不容易烫卷了，没多久又变得直直的；有的头发又细又稀，做好的头发很快就变形了。请不要为此烦恼，假发一定能够巧妙地为你解除困扰。假发确有许多方便之处，不必受自己本身发质的限制，而能随心所欲地做出自己所想做的任何发型。烫过以后，可以维持较长时间不变形。做好的发型不容易损坏。戴上假发，可以避免头发直接受风侵袭，避免沾上灰尘。

一般来说，假发有用真发做的，也有用化学纤维织成的。制作假发有机器编织、半手工编织、完全手工编织三种方法。用化学纤维做的、机器编织的比较硬，不太自然，最好是选用真发做的、全手工或半手工编织的，这种假发轻巧、服帖，戴起来舒服。同时，要注意假发的颜色，尽量选购接近自然的发色。

假发分为全套和半截套两种，戴全套的假发可以塑造自己喜爱的发型，如扎辫子、扎马尾等。戴半截套的假发则应注意真发与假发的协调，假发不能比原来的头发短，不要留出鬓角，掌握好角度，才能达到以假乱真的效果。

除整顶的假发以外，还有半假发和发片。如果你是短发，只要加上一半假发，就可以长发垂肩了，同时也能任意内卷或外卷，变换各种发型。如果你想让短发更加出色，可以做一个圆形的发片，借它的辅助，短发也能梳成高雅的贵妇头。你如果想在后发上变花样，只要先将发片做好自己所喜欢的形状，直接固定在后发上就行了。选购半假发和发片一定要和自己头发的颜色相同。

梳洗假发法　将假发放在洗发液中浸泡数分钟，然后再洗。洗时，一手拉住发套的前额边，一手用小牙刷顺发丝洗刷。洗发套里面时，可以翻过来拉住发套里的中间部位，用牙刷刷边缘布带的油腻处，不可刷网丝，以免把发丝拉出。刷好后用清水把发套冲洗干净，不要用手拧搓，以免影响梳理。梳理假发最好做一个木头型，把洗好的发套撑在头型上，涂上一层头油，用钢丝刷或用木梳，梳齿朝外梳理，按自己的爱好做成各种发型。发型要经常整理维护，才能达到美化的目的。

保养假发法　夏季天气炎热，戴假发更热，出汗过多会导致假发套腐烂、气味难闻；如果洗的次数多了，会造成发丝脱落和发尾开叉碎断。春秋季节风沙灰尘较大，戴假发时应尽量避免着灰和出汗，适当减少洗涤次数，延长假发寿命。

假发长期不用时，应在清洗后竖至盒子中或模型头上再加上塑料套，既可保持原来的发型，又可避免灰尘和细菌侵入，切不可随意折叠或夹在衣服中保存。

有些人戴假发后，往往对保持头部的清洁有所忽视。须知脱发后，毛囊虽已萎缩，但皮肤腺的功能并未丧失，虽然没有头发，但仍可以长出头皮屑来；虽然看上去是光头，但仍长有绒毛状的汗发，这是一种非常细软的毛。头发上的毛囊没有完全消失，头皮便会继续分泌出水分和油脂。因此戴假发的人，仍然必须经常保持头部的卫生，最好每天洗 1 次头。

防治头皮屑的窍门

饮食平衡防治头皮屑法　最好不要吃油炸、辛辣等食品，少饮酒，因为这些食物会刺激增加头油及头皮的形成。尽量少吃过甜食品，因为头发属碱性，甜品属酸性，会影响体内的酸碱平衡，加速头皮的产生。用温水洗头。水过热会刺激头皮油脂分泌，令头油更多；水温过冷会令毛孔收缩，发内的污垢不容易清洗。不要将洗发水直接倒在头发上，因未起泡的洗发水会对头皮造成刺激，形成头皮或加剧头皮出现，故应倒在手中搓起泡再抹在头发上。最好是两种洗发水交替使用，因为头发对洗发水有一个适应期，一旦适应了去污力就不强了，会产生头皮屑。尽量不要用喷发胶之类的东西，因为它们都含化学成分，会伤害发质，刺激皮肤，同样会加剧头皮屑生成。多食用一些含锌量较多的食物，如糙米、蚝、鸡、羊、牛、猪、红米、奶、蛋等，因为这些食物可抑制头皮屑的形成。

擦洗除头皮屑法

用温热的啤酒少许将头发沾湿，15 分钟后用清水冲洗，最后用普通洗发膏洗发。每日 2 次，一般 4～5 天即可除净头屑。

用纱布蘸洋葱汁轻擦头皮，过一天以后再洗头，头屑便可除去。也可将洋葱捣成泥状，用纱布包好，用它轻轻拍打头皮，直到洋葱汁均匀地敷在头皮和头发上。过几小时后将洋葱泥洗掉，去头屑的效果良好。

将生鸡蛋磕入碗里，取蛋清用筷子搅开（如加点猪苦胆汁就更好了），洗完头后，浇在发根，并迅速用两手揉搓，10 分钟后再用清水洗净。

将生姜切成片，煮成姜水，待凉到温度合适时把洗过的头发浸入姜水中搓洗，有促进血液循环、刺激头发生长和消炎止痒的功效。常用此法可使头发粗壮、亮泽，头屑减少。

将苦参、黄柏煎汁洗发，能去头屑、防头癣。

在洗头的温水里加适量食盐，可除头屑和止痒。将食盐、硼砂各少许放入盆中，加水适量溶解后洗头，可止头皮发痒，减少头屑。

用五倍子 90 克煎水，滤渣备用。先将头发用洗发水洗净，再用备好的五倍子水洗 3～5 分钟，擦干即可。连续洗几次，效果极佳。

将 80 克桑白皮加水煎汁洗头，每周 1 次，去除头屑十分有效。

用黄柏和苦参煎汤，滤渣取汁洗头，能止痒去屑。

涂敷除头皮屑法

头皮屑过多的人，每天临睡前，用食醋均匀地涂抹在头发上，轻轻揉搓发根，按摩头皮，有助于减少头皮屑和防止掉头发，效果不错。

在温开水中加入少量食醋（醋与水的比例约为 1：10），每天洗一次头，长期坚持治脱发、头皮发痒效果较好。

头屑较多而且其症状十分严重的人，可在晚上把甜菜根汁涂在头上，第二天早晨洗去。

将西红柿和柠檬各1只挤出汁，加1/4杯碎杏仁，混合搅拌均匀后待用。15分钟后，液体变成浆状，把该浆状液涂在湿头发上，按摩5分钟，再过10分钟，用温水冲净即可。

按摩除头皮屑法　将两手的手指与手掌在头部来回或旋转式轻轻按摩至局部发热、皮肤发红为止。按摩一遍约需5～10分钟，每日1～2次，一般一个星期见效。以后可隔日按摩一次，能去除头屑。

洗发后洒奎宁水，既除头屑又止痒（洒奎宁水时，瓶口应靠近头皮。奎宁水只用于头部皮肤，而且不宜洒得过多）。洒好奎宁水后，应用两手交叉在头发内摩擦，使之散开。

用吸尘器除头皮屑法　先用梳子把头发梳开，再把吸尘器的吸头拔掉，拿着软管口直接对着头皮屑，很快就将头皮屑吸干净，再把头发梳好，这样就没有头屑了。

主要参考文献

[1] 李炳坤. 家庭生活万宝全书[M]. 上海：上海科学技术文献出版社，1993
[2] 周范林. 增强魅力艺术[M]. 北京：经济管理出版社，1997
[3] 周范林. 家庭实用美容方法手册[M]. 北京：中国盲文出版社，2000
[4] 李金琳. 就教您这一招——灵[M]. 上海：上海科学技术文献出版社，2006
[5] 赵佩琦. 家庭生活小窍门[M]. 广州：世界图书出版公司，2005
[6] 孙利平. 日常生活金点子[M]. 北京：金盾出版社，2006
[7] 陈长勇. 生活中的窍门[M]. 北京：北京出版社，2004
[8] 章恒. 快乐生活一点通[M]. 哈尔滨：哈尔滨出版社，2007
[9] 朱晓梅. 生活中的窍门[M]. 济南：黄河出版社，2005
[10] 刘澜. 事典：料理家务的 5000 条锦囊妙计[M]. 北京：海潮出版社，2006
[11] 明虹. 新编生活小窍门[M]. 北京：中国戏剧出版社，2000
[12] 新概念生活中心. 生活如此简单[M]. 北京：中国致公出版社，2004